针织面料与针织服装设计研究

朱 琪 著

中国原子能出版社

图书在版编目（CIP）数据

针织面料与针织服装设计研究 / 朱琪著. —— 北京：
中国原子能出版社, 2023.2
ISBN 978-7-5221-1716-4

Ⅰ.①针… Ⅱ.①朱… Ⅲ.①针织物－服装设计－研
究 Ⅳ.①TS186.3

中国国家版本馆CIP数据核字(2023)第041931号

内容简介

本书属于针织服装设计方面的著作，由前言、针织服装与设计、针织面料的认知、针织服装的设计思维、针织服装的设计表达、针织服装之色彩设计、针织服装之造型设计、针织服装之立体肌理设计与针织服装之几何形图案设计等部分构建而成。全书围绕针织面料与针织服装设计进行系统性讨论，分析了色彩、造型、立体肌理、几何形图案在针织服装设计中的应用，对针织行业与服装设计领域的相关人员有着一定的学习与参考价值。

针织面料与针织服装设计研究

出版发行	中国原子能出版社（北京市海淀区阜成路43号　100048）
责任编辑	刘东鹏　王齐飞
装帧设计	河北优盛文化传播有限公司
责任校对	冯莲凤
责任印制	赵　明
印　　刷	北京天恒嘉业印刷有限公司
开　　本	710 mm×1000 mm　1/16
印　　张	13.5
字　　数	235千字
版　　次	2023年2月第1版　2023年2月第1次印刷
书　　号	ISBN 978-7-5221-1716-4　**定　价**　78.00元

前　言

　　针织服装是我国针织工业的重要支柱之一，相比梭织服装而言，针织服装虽然起步较晚，但也因此为服装设计师们提供了更大的挖掘潜力和发展空间。

　　由于针织物独特的结构特点，使针织服装形成了与机织面料服装不同的性能和风格，以其手感柔软、穿着舒适、富有弹性等优良性能受到人们的普遍青睐，获得了蓬勃的发展生机。特别是近年来随着针织新技术、新工艺与新原料的应用，使针织面料性能更加完善，针织服装在服装中所占的比例越来越大，其种类已从传统的内衣和袜品发展到家居服、休闲服、运动服、高档外衣和时装等各个服装领域，所占的份额呈不断扩大的趋势。随着针织技术和服装加工技术的进一步提高，针织服装还将会有更广阔的发展空间。

　　全书共分为八章节，系统论述了针织面料与针织服装设计方面的知识，具体内容如下。

　　第一章主要从针织服装的概念为切入点，从中西方两个方面论述了关于针织服装的起源问题；同时对针织服装的分类及工艺流程、针织服装设计内容及特点、针织服装行业及设计发展趋势进行了分析。

　　第二章主要侧重于对针织面料认知的了解与探析，包括针织及针织物一般概念、针织面料的分类、针织面料的组织结构、针织面料的服用性能，有助于进一步深化对针织面料的认知与理解。

　　第三章讲述的是关于针织服装设计中的设计思维系列问题，主要涉及针织服装的设计构思、设计思维的基本方式、针织服装的设计灵感、针织服装设计构思启示以及针织服装设计领域现状五方面内容。

　　第四章的论述主题为针织服装的设计表达，其内容包括针织服装设计表达的特点与技法、针织服装设计表达的分类及作用、针织服装的摄影及发布会、针织服装新媒体的表现形式。

第五章针对的是针织服装之色彩设计分析，从针织面料材料、花型与色彩的关系、色彩与织物组织结构的关系、针织服装色彩的配合对比设计、针织服装色彩设计与面料创作、流行色在针织服装中的应用五个方面进行了逐一探究。

第六章的论述主题为针织服装之造型设计，包括针织服装造型系统概述、针织服装造型设计——材料、针织服装造型设计——衣片、针织服装造型设计——轮廓四方面内容。

第七章的论述主题为针织服装之立体肌理设计，以立体肌理的相关理论为切入点，对立体肌理的类别、审美以及在针织服装设计中的体现进行分析，并以针织女装为例论述了立体肌理在针织服装中的创意应用以及设计实践。

第八章的论述主题为针织服装之图案设计，其内容包括针织服装设计中的几何图形应用、针织服装设计中的苗绣图案应用、针织服装设计中的线条图案应用。

本书可以为针织行业相关从业人员起到一定的参考价值，同时也可以对针织服装设计方面的相关人员提供借鉴与参考。本书在编写的过程中得到了很多专家教授的帮助，在此表示感谢。由于时间仓促，专业水平有限，书中会存在不妥之处，敬请读者与同道批评指正。

目 录

第一章 针织服装与设计

第一节 针织服装的一般认知

一、针织服装界定

讲针织服装设计首先要了解什么是针织服装？针织服装是指以线圈为最小组成单元的服装。针织服装一般来说是相对于梭织服装或机织服装而言的，而梭织服装的最小组成单元则是经纱和纬纱。

针织"Knitting"一词是用于描述用一根长线在竖直方向形成线圈，而构成纺织品结构的技术。"针织"是从撒克逊语"Cnyttan"一词发展而来的，而"Cnyttan"又是从古老的梵文"Nahyati"一词而来。而这两个词都未能确切地表达出这样一个意思，即针织很可能是从打结和捻线中逐步积累经验而发展成的。针织是一种坯布或成品的形成方法，其形成的织物称为针织物，这是因为其最基本的形成的工作元件是织针。针织物与机织物的基本区别在于纱线的几何组织结构不同，机织物的组织结构是由两组互相垂直的经纬纱线相互交织而成的，而针织物则是由纱线弯曲成线圈串套编织而成，是典型的针织物线圈结构。

针织服装比机织服装起步晚、历史短，但由于针织面料具有许多机织面料不具备的独特优点，近年来全球针织服装的品种、质量、数量得到了迅速发展。纵览国际国内各大时装周，涌现了无数富有创意感、时尚感、科技感的服装产品，带来了前所未有的视觉冲击。图案变化多端的提花、空花、浮纹织物、绒圈织物、拉绒织物、烂花天鹅绒、乔其纱和极其轻、薄、透明的蝉翼纱都为设计师带来了尽情发挥设计构想的载体和灵感。在变化多端服装中，最引人注目的就是针织服装。

针织服装因其良好的弹性、保暖性能、柔软可身的穿着感觉、广泛丰富的材料来源，越来越成为人们喜爱的服装。在过去几年里，针织类服装已经彻底摆脱了作为内衣及配合气候变化的单一功能服装，而逐渐发展为服装领域的重要款类，其市场份额从15%扶摇直上达到50%，发达国家已超过65%。

纵观国内外服装市场，针织服装不断向着多功能高档次的方向发展，成为炙手可热的服饰。针织面料不再是传统的棉织品，已经由毛、麻、棉、丝、化纤针织服装发展到天丝、莫代尔、竹纤维、木纤维、大豆蛋白纤维、功能纤维等多元针织原料并存的时代新颖的圈圈纱、竹节纱、大肚纱、辫子纱、复合纱、花式平行纱等纱线，为针织面料的外观带来丰富的视觉美感体验，而由电脑设计的花样翻新的平针组织、罗纹组织、提花组织、绞花组织、镂空组织、集圈组织、波纹组织及其他各类复合组织的随意组合赋予针织面料变化多端的层次感。棉加莱卡、美形塑体、防护保健等新型面料为针织产品开拓市场。不同功能和式样的针织面料与别具特色、风貌各异的花式纱线的开发呈现出的各种肌理，为设计师们提供了原料与灵感。针织服装面料的不断发展填补了针织服装的空白，设计师们在针织服装中不断创新，为针织服装注入了新的活力。

在技术的革新潮中，针织面料的易脱散性能够通过针织面料独特的线圈结构及面料特性来实现针织服装设计的分割效果。针织服装也不再是从前肥大、厚重、慵懒的感觉，而是与时尚紧密地联系在一起。针织服装在外观上的面料质感有的薄如蝉翼、有的似毛呢裘皮、有的弹力十足舒而不展、有的软中带坚，满足现代人对服装的各种需求。

针织面料丰富的图案、色调和凸凹不平的纹理效果给设计师提供了再创作的灵感，这种双重创作是其他传统服装材料很少具备的。通过钩、编、折、卷、叠、拼、填、撕、染等装饰方法使视觉效果更加强烈。利用各纤维的优势和互补效果，比如将基本的平纹组织和提花、毛圈等一起综合应用，能够提高产品服务性能、丰富面料风格。针织面料上色块的灵活运用是其一大特色，色块的组合设计或色块的分割使其变得醒目且充满趣味，为崇尚个性化着装的现代人提供了千变万化的选择机会。随着针织服装面料、款式、色彩、种类和功能的多样化，人们对针织服装的青睐程度与日俱增，设计师也为之倾注了更多的心血，针织服装设计正受到越来越多设计人员的重视，并成为高等院校服装设计课程的必修内容。

二、针织服装起源

（一）国外针织服装

早期针织采用两根针进行手工编织一直沿用至今。《圣经》中曾提到，耶稣被捕时身上穿的便是无缝合线的针织长衫，所以在两千多年前就有针织物的记录。而得到世界公认的最早的针织物为埃及出土的公元前256年的针织物。早期针织物主要为头巾、围巾、长筒袜、帽子、手套等。

织物是传承文明的极好方式，针织作为一种民间技艺可以追溯的久远历史。针织历史的吸引人之处不仅在于有许多关于它的神话和传说，还在于它是具有平民化亲和力的技艺，关于它的故事很有趣。比如无敌舰队（1588年，西班牙国王菲利普二世派征英国之舰队）上的西班牙人教会苏格兰费尔岛的小农场佃农运用当地的植物染料染毛线并编织，形成了至今仍广为使用的费尔岛花型，而阿兰花则拥有数千年的历史，两千年前加利里的渔夫便戴着阿兰花型的针织帽。针织这项发明普遍受到欢迎，这也反映了针织作为真正的民间技艺的传播方式。

最早的有针织外观的织物采用织补或缝纫手法，用一根短短的羊毛穿过每一个线圈。这种技术最早出现在石器时代的瑞士，迄今还存在着。从简单的甚至不需要织针互相串套的织物到斯堪的那维亚部分地区的人们偏好的复杂交织的冬日独指手套（拇指分开，其他四指连在一起），当地人称之为"缠绕手套"。据说编织这种手套最好的纱线应包含非常长的纤维，并且是单独纺丝，这样形成的纱线可以迂回缠绕，没有明显的结头。"缠绕手套"复杂又耗时，但另一方面它非常保暖、舒适并耐用，如果仔细观察，会发现有一根纱线穿过每一个线圈并被抽紧。

与之有异曲同工之妙的还有非常漂亮小巧的科普特便鞋短袜，大约在公元250年由埃及人织造。另外，还有许多欧洲中世纪用于礼拜仪式的精美手套。由于"缠绕手套"非常费工，因此价值连城，成为穿戴者财富的象征，但又比富丽的珠宝首饰含蓄得多。这些古代技艺被作为最早知晓的欧洲技艺范例保留下来。

公元 1100 年左右的具有精美绝伦图案的针织短袜由于埃及干燥的空气和温暖的黄沙得以保留，这也许是现存最早的真正的针织品。我们不知道这些具有精美图案的棉袜是本土的产品还是舶来品（有些特征是源自印度），但我们的确知道它们在埃及盛行了很长时间，在接下来的数百年里长盛不衰，经历了宗教、政治的巨变和王朝的兴衰。当地的羊毛色彩明亮——红色、粉红、深蓝、浅蓝、绿、黄、浅黄褐、松石绿以及白色都可以在现存的棉袜碎片中觅到踪迹。这种新技术很快沿着北非传入西班牙，当时的羊毛椅垫保留至今，上面装饰有几何图案和优美的花鸟，其采用的抽股技术和在今天的埃及、设德兰群岛（位于苏格兰东北部）采用的技术如出一辙。从技术的角度来看，埃及的图案比西班牙的更为复杂。这些早期的针织工可能使用了带针钩的织针，在 12 世纪的土耳其坟墓中发现了这种织针。

有关针织的知识从西班牙通过教堂传播开来。西班牙不仅是欧洲针织的发祥地，丝绸文化也通过摩尔人传入欧洲。丝绸因为其细而长的纤维而备受针织工艺的青睐。礼拜仪式用手套是最早的丝绸针织品之一，权势显赫的人都对之垂涎三尺。针织在意大利有历史记载是在 13 至 14 世纪，英国是 15 世纪，据说在 1560 年传至冰岛（可能自荷兰传入），再后传入斯堪的那维亚半岛。

这种非常精细、声誉卓著的丝绸针织品在相当长的时间里保持着奢侈品的地位。即使是盛极一时的亨利八世也很难觅到丝绸长袜，据编年史所载，在西班牙境外偶得一双。因为羊毛袜粗糙乏味，他通常穿传统布袜，采用品质上乘的棉布斜裁，在后面开缝。到他的女儿伊丽莎白继位时，精细的手工针织袜已可由宫廷女工为她度身定做。

由此可见，针织品在 16 世纪以前一直处于服饰配件的地位，而针织服装主要是内衣，寿命很短，很难保存。目前幸存的针织服装可谓凤毛麟角，现在能看到的最古老的碎片是在哥本哈根发现的一只针织袖子，也可能是针织衬衣的一部分，年代可能在 17 世纪。之后，手工编织的苏格兰渔夫衫式样简单质朴，穿着方便，运动自如，很适合渔夫出海捕鱼用。

1589 年，英国的威廉·李从手工编织得到启示，发明了世界上第一台手动式钩针针织机，从此针织生产由手工作业逐渐向机械作业转化。

1817 年，英国的马歇·塔温真特发明了针织机和带舌的机织钩针，使得欧洲的袜业迅速得到发展，从手动式发展成为自动式生产。由此，针织品从袜子到内衣，以至外衣都能制造了。

从第一次世界大战（1914—1918 年）起，针织品的需求量越来越大，1920 年左右已经开始流行现在这样的毛衣了。

（二）中国针织服装

1. 古代针织服装发展（公元前 300—公元 1840 年）

我国古代手工编织的针织物品都是人们开发生活必需品的劳动成果。1982 年，在我国湖北省江陵马山砖瓦厂出土的真丝针织绦，根据我国考古学家确认，为公元前 340—278 年间战国中晚期的手工编织针织物品，是一种用于装饰的窄带，是手工针织品，相距现在约有 2000 多年，属单面双色提花丝针织物。其中，线圈以重套的方式串套，形成闭口型线圈结构。该实物结构的构成已显示出了线圈结构的组织元素，由线圈相互串套而形成针织物的机理，以及花色针织物的组织概念等，与时隔 2000 年后所确立的针织原理的解释是一致的。据历史查证，该真丝针织绦的制作年代早于以前确认为最早的在埃及 Dara Europe 发现的公元前 256 年的针织实物。

中国手工编织技术历史悠久，技艺高超，推陈出新，闻名世界，可编织出现代针织机器上仍无法织出的极为复杂精致的针织品。早在 3 世纪初，曹魏时期文帝曹丕之妃给他织出的成形袜子是我国成形针织物的最早记载，且比埃及出土的粗毛针织袜子的年代早 200 年左右。日本元禄时代（17 世纪）的《猿又集》诗集中有"唐人故里天气冷，人们穿着针织袜"的记载，说明在我国明代，人们喜穿针织袜已较普遍，但当时生产技术仍处于手工编织水平。

2. 近代针织服装发展（1840—1949 年）

我国古代长时期的封建社会，重科举、轻科技，严重阻碍了科学技术的进步，工业发展缓慢，以致手工编织针织物的生产方式与技术状态持续了很长时间。1896 年国内第一家针织厂在上海成立，标志着我国针织工业的开始。但在新中国成立前的 50 多年中，针织工业的发展十分缓慢，技术落后，设备陈旧，品种单一。新中国成立后，针织工业才从内衣、袜子和服饰品方面迅速地发展起来。随后多种多样的化纤原料为针织工业开辟了广阔的前景，变形纱以及化纤短纤维的出现，使针织品由内衣、袜品和手套等扩大到外衣领域。

3. 现代针织服装发展（1949 年以后）

我国的针织服装在 20 世纪 50 年代初主要以内衣为主，外衣面料是以横机织物为主。到 60 年代中期，化学纤维工业的迅速发展以及针织技术水平和针织机械性能的不断提高，为发展针织服装奠定了基础。20世纪70年代，针织服装在整个服装市场范围内日益受到人们的青睐，服装市场领域呈现出向针织服装发展的趋势。1973年，在上海开始试织针织锦纶外衣，它一经问世就显示出了旺盛的生命力。它的原料供应充沛，而且又符合"以化代棉"的发展方向，尤其是它的服用性能优良、花色品种多，可以满足不同的消费需要，所以很受人们欢迎。

从20世纪80年代初开始针织服装的品种、质量和生产数量得到高速发展。随着人们生活水平的不断提高，对针织服装的需求也在不断上升，不但要求针织服装舒适随意、柔软合体，而且还要求针织服装新奇、美观、上档次，于是对针织服装的设计提出了更高的要求。针织服装在家用、休闲、运动服装方面具有独特优势。随着针织工艺设备和染整、后处理技术的不断进步以及原料应用的多样化，现代针织面料更加丰富多彩，并步入多功能及高档化的发展阶段。目前，针织服装的设计与开发在整个服装的生产和发展中已占有相当重要的位置，并有着广阔的发展前景。

第二节　针织服装的分类及生产工艺流程

一、针织服装的分类

（一）成形类针织服装

成形类针织服装最早源自手工编织的针织服装，通过加针、减针的变化来编织成形的衣片，然后将之进行缝合。手动针织横机和电脑针织横机的相继发明，极大地推动了针织服装的发展，不仅大幅度提高了针织服装的生产效率，使针织服装作为标准号型的成衣进行批量加工成为可能，而且降低了针织服装的生产成本，使针织服装能被更多的大众所消费，并广泛普及。先进科技的引入，还使得图案花型和组织肌理日益丰富，为设计师们提供了更多的创意空间及实现更多的创意想法。

成形类针织服装是指根据工艺要求，将纱线在针织机上进行编织，通过收针和放针，编织出成形衣片或各个零部件，然后经过缝合加工而成的针织服装。毛衣、袜子、手套、围巾等多属此类。由衣片的成形程度又可分为全成形和半成形两类。全成形衣片按照严格的尺寸要求设计工艺，在针织机上编织出的衣片只需进行缝合即可成衣，这类服装设计生产的工艺设计要求和成本均较高。半成形则还需将衣胚做部分裁剪，如开领口、挖袖窿等，再进行缝合。随着电脑横机技术的开发和运用，成形类针织服装的品种越来越多，种类丰富，主要可以分为针织毛衫和针织配件两大类别。

1. 针织毛衫

（1）针织套头衫

套头衫，通常也称为套衫，即从头部开口，穿着时只能从头部套入的针织服装。套头衫既可以被设计成打底衫穿着，也可以外穿，属于经典的传统样式，普及率非常高，可以说在每一季的产品线中都不可或缺。套衫的优点在于不仅保暖性好，而且与其他服装易于搭配，尤其是在寒冷的季节，可以搭配不同的外套，有很好的兼容性。

（2）针织开衫

针织开衫，也称为针织开襟衫，在毛衫的前身对分为两个衣片，用扣子、拉链或其他辅料进行扣合连接。领口和门襟进行滚边工艺处理，肩线、腰线自然合体，款式简洁大方，是一种经典的针织毛衫造型。针织开衫可以在门襟、袖口、下摆等多处进行装饰设计。

（3）针织背心/马甲

传统的针织背心是无领无袖结构的套头针织衫，领线以 V 领和圆领为主，通常搭配衬衫穿着。现代针织背心以此为基础，结合流行趋势，为其赋予了更多的设计感，在款式造型上不断被拓展和丰富。例如领口的高低变化或是增加短袖的结构，使其更趋于外衣化和时装化。

经典的针织马夹是无领无袖结构且前襟系扣的针织衫，多见于男装，通常也是搭配衬衫穿着。

（4）针织裙装

针织裙装可分为针织连衣裙和针织半裙。其中针织连衣裙是衣片和裙子相连的单品。针织裙装在针织服装种类中所占比例较低，但由于针织连衣裙的良好舒适感，现在被越来越多的人们所接受。在礼服设计中也出现了针织裙装，设计师们成功地运用各类纱线设计出款式精美、造型优雅的礼服，各种不同材质的组合运用也为毛衫礼服增添了不少看点。

（5）针织外套

外套是穿在最外面的服装。针织外套本身具有较好的弹性，这使其同时兼具较好的包容性，因此在廓形上针织外套不论是合体的修身造型还是宽松的样式，都可以保证较好的舒适感。此外，由于针织外套在视觉和触觉上与生俱来的温暖感，使其在寒冷的季节自然而然地为人们营造出心理的温暖感，这些特点都有助于拉近消费者的距离。因此，设计师们如果能够充分把握针织外套的特点，为其注入时尚和创意以及新的技术和工艺，针织外套没有理由不成为秋冬季热卖的单品。

2.针织配件

（1）针织帽

针织帽是以纱线为原料制成的帽，适合各年龄段人群在秋冬季佩戴。在寒冷季节，很多人在户外都选择针织帽保暖，但是许多年轻时尚人士通常会把时尚的针织帽作为穿衣时的配搭。目前，针织帽的样式不断推陈出新功能也从传统单纯的保暖功能变得丰富多样。

（2）针织围巾

针织围巾在秋冬季围巾中占有相当大的比重，其色彩、图案、组织变化丰富，能适合不同服装配饰的需要。即是颈部保暖的服饰品，也是服装搭配造型中不可缺少的搭配单品，同时，选择合适的色彩、图案也能起到修饰脸型的作用。

（3）针织手套

针织手套的种类较多，可分为分指手套：每只有五根分开的长袋装手指。连指手套：拇指分开，其余四根手指连在一起。半指手套：每根手指部分不闭合，只遮到第一节。无指手套：没有手指部分，在指跟处开口。分开的手指越少，对手指的保温效果也越好，但同时限制了手部的活动。半指和无指手套除了装饰外，比分指手套的手指灵活性也有增加。针织手套在御寒的同时也兼具装饰功能，设计师将手套、围巾、帽子设计成系列化的产品，搭配时整体感更强。

（4）针织袜

针织袜是一种穿在脚上的服饰用品，起着保护脚和美化脚的作用。按原料可分为棉纱袜、毛袜、丝袜和各类化纤袜等；按造型则分为长筒袜，中统袜、短统袜、连裤袜等；按照生产工艺则分为平口袜、罗口袜，提花袜、织花袜等多种式样和品种。袜子虽然只是个"配角"，可在流行敏感度上却是一点不逊于时装。设计师在袜子的设计细节上充分汲取时装上的流行元素，运用活跃生动的条纹、时髦的花朵、动物的图形，让袜子的表情变得格外丰富。

（二）裁剪类针织服装

裁剪类针织服装是指将针织胚布按设计的样板和排料图裁剪成各种衣片，再缝制而成的针织服装。裁剪类针织服装种类丰富，大部分休闲外衣和针织内衣都属于此类。进入 21 世纪以来，裁剪类针织服装的外衣化、个性化、时尚化的发展趋势顺应了人们生活方式的变化，在现代服装中占据越来越重要的地位，人们的选择范围不仅局限于 T 恤和运动衫，舒适而不失格调的面料已经广泛地进入时尚类外衣，甚至涉及礼服等高端产品领域，成为现代人着装方式中不可缺少的一部分，具有广阔的发展前景和巨大商机。裁剪类针织服装，主要可以分为以下几个类别。

1.T 恤

T 恤衫是"T-shirt"的音译名，17 世纪，T 恤是美国安纳波利斯码头的工人在装卸茶叶时所穿着的一种短袖衣，人们也就自然而然地从茶叶的英语"TEA"中借了一个"T"字来称呼它。同时，因为 T 恤衫的形状被设计成简单的英文字母"T"型，所以被称为 T 恤衫。与其他针织服装相比，T 恤衫的结构比较简单，款式设计通常集中在领口、肩袖下摆部位，同时运用色彩、图案、材质及各类辅料装饰的变化，以及印花、绣花、烫钻等各类工艺装饰，进行样式的更新。

T 恤常用的面料有全棉针织布，棉与化纤交织针织布、丝织针织布和化纤混纺针织布等。针织面料具有手感好、透气性强、弹性佳、吸湿性强及穿着舒适、轻便等特点，其中化纤针织面料还具有尺寸稳定、易洗快干和免烫等优点。在日常穿着上，T 恤有其独立的定位，也由于其穿着舒适、简约时尚，而深得人们的喜爱，从而成为人们夏季着装的最佳选择。

2.针织内衣

针织内衣是采用针织面料缝制的穿在最里面的贴身服装的总称，可分为贴身内衣、补整内衣和装饰内衣，主要包括背心、短裤、棉毛衫裤、文胸、紧身胸衣、各种打底衫裤、睡衣和家居服等。内衣由于直接接触肌肤，所以要求具有很好的穿着舒适性和功能性，如吸汗、透气、卫生、柔软、皮肤无异样感等。

贴身内衣指直接接触皮肤，以保健卫生为首要目的的内衣，有背心、短裤、棉毛衫裤等，多采用纬平针、罗纹组织，柔软贴身，具有吸汗、卫生保健、保暖、穿着舒适等功能特点，是现代人生活中不可缺少的一个服装类别；补整内衣，也称为塑身内衣，特指女性用的文胸和紧身胸衣等各种塑形内衣，通常采用经编组织针织面料缝制而成。补整内衣主要起到矫正体型、增加人体曲线美和调整服装造型的作用，如紧身胸衣有助于使女性身材呈现理想的曲线形态，重塑身体线条美；装饰内衣是穿在贴身内衣外面和外衣里面的内衣，目的是提高穿着的舒适性、方便外衣穿脱、保持服装基本造型以及装饰美化的目的。例如裙装和礼服的衬裙，对于薄、透、露的服装而言，衬裙不仅可以起到遮羞的作用，而且在设计中通过缝缀花边、刺绣、打褶和色彩搭配等各种装饰手法，还可以使其与外面的服装设计融为一体，增加服装的美感。

3. 针织运动服

针织运动服是指竞技类专业运动服及休闲类运动服。专业运动服与休闲运动服有所不同，专业运动服是参加各种竞技类运动时穿的服装，包括各类比赛服，如泳装、体操服、网球服、自行车服、登山服等。其目的是为让运动员在运动中不受衣服的束缚，尽可能地提高运动成绩。休闲运动服也称为运动便装，是普通消费者把运动服作为便装来看待，把运动服装的宽松、穿着方便，不碍活动视为不妨碍工作生活，比较"随便"的特点，包括一般日常休闲运动服和户外运动服等。在设计上偏重舒适、时尚等特点。

专业运动服在款式上注重实用性和审美性，例如多采用连肩袖的剪裁方式，接片较少，或是背心式，可以减少手臂摆动时造成的衣服与身体的摩擦，增加舒适性；腰部采用松紧带外加抽绳系带，以防止运动中滑脱。色彩的选用上，除标志色外，一般根据项目特点和环境来配置，通常颜色都较为醒目。面料选用应考虑吸湿性、透气性及摩擦、符合动作牵伸需要等因素，以利于运动技能的发挥和创造最佳的运动成绩。休闲类运动服在设计上借鉴运动服装的元素，款式宽松、随意，具有穿着舒适、行动方便等特点。

4. 针织休闲外套

针织休闲外套是以针织圆机面料为主要面料制作的裁片类针织服装，这类服装以宽松舒适、休闲随意为设计特色，借鉴梭织外套中的各种设计元素，例如分割线、抽褶、系带等，款式时尚多样，结构造型富有变化。设计师结合流行元素，通过在领、肩、袖、门襟、腰部、下摆、口袋等局部的造型变化，并运用印花、绣花、烫钻等多种工艺手法，不断创造出新颖的样式。针织休闲外套在款式外观上与梭织休闲类外套具有一定的相似性，但由于针织面料的特殊性能，很少用于制作要求挺括、抗皱、尺寸稳定性要求较高的服装，如西服、制服套装类，因而在款式、结构设计中要充分把握好这一点。

5、针织泳装

泳装虽然属于运动服装的一种，但由于它主要采用经编针织面料以及其特殊的加工方式，使得泳装发展成为一种独立的服装类别。泳装作为一种专门的运动服装，是 20 世纪后才出现的。泳装的发展特别是女子泳装样式的变化，体现了传统社会道德观念和人们对性感审美追求之间的矛盾冲突和观念转变。早期的泳装是连体裤样式，可以说是现代女性一件式连体泳装发展的雏形。随着泳装逐渐被人们接受，泳装裤腿的长度也在不断缩短。20 世纪 40 年代，法国人在巴黎推出了比基尼泳装，这种两件式分体泳装的出现，将泳装的发展推向了史无前例的高潮，并引发了人们巨大的争议。比基尼泳装的得名源于 1946 年美国原子弹试爆的比基尼岛，寓意就像原子弹爆炸一样具有令人震撼的冲击力和杀伤力。如今，泳装的款式花样百出，但基本上仍是以一件连体式和两件分体式为原型进行变化。

二、针织服装生产工艺流程

（一）成形衣片生产工艺流程

成形衣片的缝制是利用成形针织品编织工艺，编织出衣服形态的衣片和衣坯，然后缝合成衣。成形衣片分全成形和半成形两类，全成形是在机器上编织成衣坯，只需缝合半成形则还需将织成的衣片作部分裁剪，如开领、挖袖窿等，然后缝合成衣。这类方式通常用于毛衣、袜子、手套的制作。

成形衣片的生产工艺流程：款式设计→样板设计→原料准备→横机织造→染整工序→装饰工序→检验→成衣定形→成品检验→包装→入库。

款式设计包括样衣试制、规格设计；

样板设计包括板型设计、放缝设计；

原料准备包括原料进厂、原料检验、准备工序（络纱）；

横机织造包括全成形编织、检验、成衣（手工、机械缝合）等工序，或半成形编织、检验、定型、部分裁剪、成衣（手工、机械缝合）等工序；

染整工序包括成形衣片的染色、拉绒、缩绒、特种整理；

装饰工序包括绣花、贴花等装饰工艺。

成形衣片主要采用手摇横机、电脑横机或手工编织而成。

（二）胚布裁片生产工艺流程

坯布裁片的缝制即把针织坯布按样板裁剪成衣片，然后缝合衣片的生产方式。一般情况下，针织内衣、针织外衣都采用坯布编织，下机后按样板裁剪，最后成衣。

坯布裁片的生产工艺流程：款式设计→坯布准备→裁剪→缝制→后整理。

款式设计：确定成衣款式、成品规格、样板设计、面料组织、克重等指标；

坯布准备：确定坯布组织、使用原料、纱支、平方米克重等指标。坯布准备完成后，需打开放置 24 小时以上才能进入裁剪，使面料充分回缩，消除在加工过程中带来的伸长和变形，以降低坯布的缝制工艺回缩率；

裁剪包括验布、铺料、断料、提缝、排料、划样、裁剪、验片、打号、捆扎；

缝制：按照缝制工艺流程进行缝制；

后整理：剪线头、熨烫、质检、包装等。

针织坯布的编织机器主要有大圆机、平行经编机等。

第三节　针织服装的设计内容及其特点

一、针织服装设计内容

（一）针织服装造型设计

造型设计是一种创造性的劳动，是属形象思维的视觉艺术，每个有成就的服装造型设计者，都应有自己的独特风格。必须了解目标对象的心理爱好，熟悉他们的生活习惯，掌握美学、流行学、绘画、历史及针织面料等相关知识。

针织服装造型设计是针织服装产品设计的基础和依据。它是设计者在市场

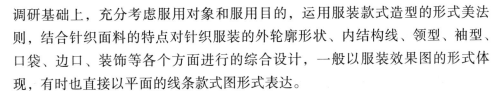

调研基础上，充分考虑服用对象和服用目的，运用服装款式造型的形式美法则，结合针织面料的特点对针织服装的外轮廓形状、内结构线、领型、袖型、口袋、边口、装饰等各个方面进行的综合设计，一般以服装效果图的形式体现，有时也直接以平面的线条款式图形式表达。

1. 服装效果图

服装设计图是表达服装艺术构思和工艺构思的效果与要求的一种绘画形式，它是设计构思中至关重要的环节。良好的设计图能使打板师与缝纫工按照设计意图和要求制作出样衣，并使成衣效果与服装设计图表达的效果一致。

服装效果图是为表现设计构思而绘制的正式图，重在表达服装的穿着效果、色彩搭配、款式构成、面料等内容。常以水彩画、水粉画等形式表现，一般采用8-9头身的比例，以取得优美的形态感。

针织面料由于具有良好的弹性，且非常柔软，所以针织服装穿着时容易贴紧人体，即使是宽松造型的服装，有时也能体现人体的曲线。其次，在成形服装的设计中，组织结构往往扮演着重要的角色，是服装设计的关键。因此在绘制针织服装效果图时，要使所画的服装效果图看上去与梭织服装的效果图有所差别，重点要注意针织服装细部的表现，如服装的边口，形式、装饰设计、组织纹路等。例如罗纹是针织服装常用的一种组织，这种组织的外观特征是织物具有纵向条纹，而且不同罗纹组织其条纹的宽窄会发生变化，绘制服装效果图时应将这种纹理效果真实地予以表现。

针织服装的边口形式也具有很明显的特征，常常采用滚边、线迹处理、罗纹饰边等方式，服装效果图也应采用不同的绘制手法。

为了表现针织服装紧身、贴体和弹性好的特点，可以在人体上直接勾画出紧身服装的轮廓，绘制时适当减弱人体的细小结构和肌肉的起伏；对于宽松型服装，由于针织面料结构疏松，外形不稳定，服装会松垮下懈，绘制时抓住这一点就能表现出针织服装的特征。

总之，针织服装的效果图一定要掌握针织服装在人体上的轮廓形态，体现针织面料的纹路和特征，表现针织服装特有的质感。

2. 平面线条款式图

平面线条款式图是将服装效果平面化的表述，它通过对服装的款式特征、各部位的比例、结构、工艺等的绘制来表现服装的款式效果，是生产加工过程中的重要示意图。服装款式图表现得是否准确，将直接影响样衣的制作。为了表现服装结构，款式图有时除正面图外，还要绘制背面图或局部放大图作补充，以求全面、清晰地表达设计意。

服装平面线条款式图一般采用线描图，它对绘画的艺术性要求不高，但对生产的技术性要求较高。绘制服装线条款式图时，一般以粗实线表示服装的外轮廓，以细实线表示服装的结构线，如省、褶、分割线等，以虚线表示缉明线。

在服装效果图、款式图完成后，还应写上必要的文字说明，如设计意图，工艺制作的注意事项，面料、辅料和配件的选用要求等，必要时需附以面、辅料小样。运用文字和图示相结合的方法，全面、准确地表达设计思想和制作要求。

（二）针织服装结构设计

针织服装结构设计指将服装造型设计转换成可供裁剪的平面结构图，即样板（纸样）。它既要实现造型设计的意图，又要弥补造型设计的某些不足，是将造型设计的构思变为实物成品的主要设计过程。

1.针织服装规格设计

根据服装规格标准和针织服装款式特点、穿着对象、针织面料的特点等对针织服装的规格和各个细部尺寸进行系列设计，同时确定各个部位规格的测量方法。它是样板设计的依据，是从造型设计到样板设计的重要桥梁。

2.平面结构设计

即样板设计和制作。它是根据服装平面设计的基本方法和服装的规格尺寸将服装款式效果图变成平面的结构图，最终形成样板。

针织面料的特性决定了针织服装设计有其自身的特点，所以，在款式造型方面力求简洁、流畅；结构设计方面则以直线、斜线和简单的曲线来表现，不存在省道和结构功能的分割线，以及衣片数量少的特点，因而我国现行的针织服装样板设计普遍采用规格演算法。这种方法是以规格尺寸为依据，按照一定的比例分配进行样板设计，常用于定形产品的制板。随着针织内衣外衣化、外衣时装化的趋势，规格演算法已不能适应设计、技术发展的需要。主要表现在：其一，由于面料的弹性不同，细部规格尺寸的确定不再是一种简单的比例关系，或者像梭织面料那样直观、一目了然，而是与面料的组织、性能有关，表现出一种综合、复杂的关系；其二，对于紧身、合体的服装需要运用面料的弹性来体现，存在运用多少弹性量的问题。紧身服装通常使用弹性较大的面料，面料静态时的制图比例不再"相似于"人体各部位的比例分配，而且面料弹性的运用分方向性，同时造型要求细部尺寸在运用面料弹性的多少表现出合理性和一致性，否则，穿上后会感觉不舒服，更谈不上审美性；其三，宽松型休闲服装是近年来针织服装发展的一大亮点，样板设计不仅需要符合功能要求，更要保证自身结构的合理性和造型的审美性，因而需要建立适应针织服装发展的理论体系。

（三）针织服装色彩、面料设计

1.针织服装色彩

色彩的选择与搭配是一项非常重要的设计。在服装效果上，其重要性甚至是先于款式的。色彩的选择与搭配应考虑穿着对象、款式风格穿着环境等因素，对消费者产生美的强烈刺激；符合现代色彩的审美形式原则，同时注意流行色的运用。

（1）针织服装配色对环境的适应性

首先是适应气候，一年中分春夏秋冬四季，由于地理条件不同，这四季的温差和气候各不相同，设计针织时装除使用相应质地的面料外，还要在色调上作出相应的变化，以求适应气候变化。一般春季求其鲜艳，夏季求其清淡，秋季求其丰富，冬季求其深重。这个规律构成了四季的主调。

其次是与环境协调，在农村广阔的田野里，在以绿色为主调的环境中，服装的色彩要求鲜艳、绚丽，这种环境中服装使用了红色，会使人心情愉快。远距离看，色彩效果非常突出。在城市里，环境的色彩主要是灰调的中性色，针织时装的设计多使用清新素雅的颜色。比如黑色和白色对比很强烈，黑白色条纹不论竖条横条、方格还是其他黑白纹样，都具有城市的优美感。城市人口稠密，视野距离紧迫，在运用对比色时应使色彩的纯度适当冲淡，避免视觉神经的过分刺激。

服装的色彩不是单纯从服装本身的色彩和造型上考虑的，而是针对穿着者的身份、性格、皮肤、发色、身高、体型以及当时的流行趋势和所要穿着的环境而选择的。服装的色彩不仅受自然环境的影响，更不可忽视的是穿着者。

（2）针织服装色彩与肤色

人的肤色是穿着者无法改变的，服装既然是人体的包装，那么就得使人看上去更美，才能起到装饰的作用，否则就是失败的作品或不合适的穿着。服装的改变是人着衣后的状态，在考虑针织服装配色时，还必须把服用者的肤色作为一个配色条件考虑进去。服装的配色应"扬"其长，"避"其短。如果肤色白里透红，只要根据个人的爱好，考虑其性格特征就可成功。肤色偏黄的人由于补色现象，不宜穿鲜紫色服装，应配红、橙等暖色基调或深色服装。皮肤偏黑的人，要选择中性色或略深的颜色。

总之，在配色设计时，应掌握肤色和服色的协调关系，肤色既然是一种色，就必须与服色相协调，这样不仅与服色形成一个整体，且肤色亦被服色衬托美者更美，不甚美者亦有悦目之感。

（3）针织服装色彩与体形

人的体形同样也是穿着者无法挑选的。颜色的冷、暖、深、浅能使人产生错觉，形成对人体有胖瘦、高矮变化感觉的误差，因此如何运用色彩的这一规律来弥补人体的不足，使人体更完美，对于着装者来说是一门很好的着装艺术。如使用冷色的面料会使人感觉集中，似乎面积缩小了。体形胖的人穿上冷色衣服会显得苗条些。使用暖色的面料，会使人感到分散，起着扩大面积的作用，显得人体丰满。深黑色的衣服，使人的身材显得苗条一些。黑色针织紧身服是表现人体曲线美的最理想的服装。体形过高，不宜配红色，否则会造成更高的视错觉现象。如果臀部较大，胸部不丰满，可利用色彩产生扩大或缩小的原理解决。腰部粗壮，装饰色彩的重点应该在胸前，如果胸前没有扩大效果的色彩，色彩收缩重点势必放到腰部。借助于服装的款式、造型和色彩纹样来弥补身材的不足，是每一位爱美之士应该学会运用的。

（4）针织服装色彩与面料

针织服装色彩和面料总的基调是明快的、跳跃的和悦目的。应符合新年度的世界流行色的规律而万变不离其宗。在流行色的色谱指导下的针织服装的色彩，根据针织面料的薄厚及季节性的因素，总的趋势是中、厚型针织面料的色彩多为中深冷色调，配以秋冬季的款式，属于文静、素雅、简练，给人以庄重、华贵之感觉；轻、薄型针织面料以中浅色为主，配以春夏季的款式，属明快、鲜艳、多彩、活泼，给人以欢快、充满活力的印象。男装显得洒脱大方，女装华丽多彩。因此，色彩是针织服装面料的第一选择。

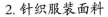

2. 针织服装面料

（1）针织内衣常用面料

针织内衣常用的基本组织，它是由一种类型的线圈结构单元做规则性排列所产生的组织，属于这类组织的有纬平针组织、罗纹组织、双反面组织以及这些组织的变化组织，即变化纬平针组织、双罗纹组织等。它们的区别在于线圈排列位置的差异。

由于针织面料弹性和伸缩性强，穿着合体，不妨碍人体的活动，是理想的内衣材料。材料选用上注重柔软、吸湿、透气、无静电、贴体、保暖，这些性能主要与织物组织和材料有关，一般选用纯天然纤维、或与少比例的化学纤维混纺、交织，以满足人体生理卫生需要和服用要求。如纯棉汗布、绒布、真丝汗布等。冬季内衣面料多采用保暖性优良的原料和组织结构，如棉毛布、罗纹布、莱卡棉针织布等。针织内衣面料在具备舒适性的基础上适当考虑耐磨、保形、免烫等功能。

（2）针织外衣常用面料

针织外衣常用的面料组织为花色组织，花色组织是在基本组织的基础上，利用编入附加纱线，变换或取消成圈过程中的个别阶段，及对新纱线和旧线圈引入了一些附加过程等方法而形成的，其结构单元主要是线圈、浮线、悬弧和附加线段。针织物的各种花色组织分别由相应的结构单元所组成。如集圈组织是由未封闭的悬弧与线圈所组成；提花组织是由线圈与浮线所组成等。

针织面料的花色组织包括色彩花纹和结构花纹，以及同时具有色彩花纹和结构花纹或者具有多种花纹效应的结构花纹。

（四）针织服装工艺设计

1. 确定成衣缝制工艺及缝制设备

根据产品的款式特点、所选面料的性能、缝合部位的缝合要求来确定成衣缝制工艺和选择缝制设备，并制定出缝制工艺流程，说明缝制工艺要求；根据缝制工艺及面料的种类确定成衣缝制的工艺损耗和工艺回缩。

2. 确定各衣片样板的排料方法

根据各衣片样板的结构特点，结合面料幅宽，确定各衣片样板的排料方法。合理的排料可以提高坯布利用率，降低生产成本。

3. 确定裁剪工艺及后整理工艺

如衣片整理、配套、捆扎、半成品检验、成品整烫、检验、包装等。

合理的成衣工艺设计对于节约原材料、降低成本、提高产品品质、改善销售、提高经济效益有着重要影响。

二、针织服装设计特点

（一）针织服装造型设计特点

服装造型设计是指以人为对象塑造服装的形态，主要包括服装的外轮廓、服装的结构线、服装的色彩、图案、附加装饰等所构成的视觉形态。针织服装由于面料柔软、贴体、伸缩性大，其造型设计与一般梭织服装相比具有特有的个性，针织服装在外观上比梭织服装更含蓄、更柔和、更贴合人体体型，设计师在设计中必须充分重视针织面料性能对造型设计的影响。

恰如其分的面料会对产品的审美价值与使用价值起着关键性的作用，不仅从成本、也要考虑服装造型设计的效果，只有最大限度地将针织面料的优点发挥得淋漓尽致，避免缺点，才能满足多元化的消费者的不同需求。尺寸不稳定与延伸性是针织面料的一大缺点，会约束其服装的结构造型，这一点在设计过程中一定要多加留心，注意扬长避短。

通常宽松式、直筒式、紧身式是针织服装最为常见的轮廓，在设计时候也是有所区别的。

1. 直筒式

主要是依据水平线、垂直线组成的方形设计，属于针织服装中轮廓比例很大的一种。直筒式轮廓适合于延伸性小、质地细密的针织面料，例如冬季的羊毛衫、毛衣、夏天的T恤、衬衫等。线条简洁流畅、自由舒适，若是使得造型更为的丰富，可以改变局部线条及整体比例，做出布长的处理。

2. 宽松式

通常由单一的弧线、直线相结合的外形线，处理成较大的放松度，达到与人体的三围一致的效果。宽松式轮廓适合于较为厚重的面料（羊毛编织物、人造羊毛皮、纬编双面提花织物、轻薄紧密的化纤面料、外套类等），服装造型可以设计的飘逸、刚健、洒脱。

3. 紧身式

针织物中共有的特性之一就是具备弹性的特点，普通的针织物横向拉伸超过 20%，紧身式轮廓适合于内涵莱卡、氨纶的高弹性针织面料或者罗纹组织的都较为的适宜紧身设计，不仅透气舒适，也能凸显人体的玲珑曲线。例如紧身裤子与上衣、泳装、体操服、男女的内衣、束腰等，既舒适又富有美感。

一般在针织服装的门襟、袖口、领口、裤口等边口处，为了尽量避免针织面料发生卷边性、脱散性而经常使用特定的设计方法，不仅进一步的提高性能也降低成本，同时也使得针织款式的装饰性更为的美观。

（二）针织服装规格设计特点

针织服装的规格设计必须注意针织面料性能对规格设计的影响。针织服装的规格设计相对梭织服装而言难度较大，这是由于针织面料的独特性能决定的。针织面料的弹性、延伸性、悬垂性、克重等性能都随使用原料、生产工艺等不同而有较大的差异，这些差异对规格尺寸的准确制定有着直接影响。所以对于针织服装，即便是同一款式的服装，由于所采用的面料不同，规格尺寸也会存在较大不同。

1. 稀薄、悬垂性好的面料，这种织物由于悬垂性的影响，在穿着时衣长会变长，而宽度会变窄，影响服装的外形，所以在设计长款服装时，其长度方向应适量减去 1～1.5 cm，宽度方向适量增加 1～1.5 cm。

2. 针织服装的围度放松量必须考虑面料的弹性和延伸性，一般针织服装的围度放松量小于梭织服装。面料的弹性、延伸性大，服装的放松量可以减小。针织面料的弹性根据伸缩率的大小可分为低弹织物或舒适弹性织物，伸缩率为 10%～20%；中弹织物或运动弹性织物，伸缩率为 20%～60%；高弹织物或高强弹性织物，伸缩率为 60%～200%。对于低弹织物，成衣胸围必须增加适当的放松量，但对于中弹或高弹织物，放松量可以为零或为负值。

3. 横向弹性好的针织面料，设计紧身服装时其横向尺寸可以缩小，但要注意穿着时服装在横向扩张的同时，其纵向会相应回缩，所以长度方向的尺寸应相应加长。同理，纵向弹性好的面料，服装纵向尺寸可以减小，横向尺寸应加大。而纵、横向弹性都好的面料，因为穿着时纵、横向都会伸长，所以纵、横向尺寸都要减小。

4. 针织服装号型表示方法一般采用二元制，由号和型组成，号表示身高，型表示肥瘦，没有体型分类，如 160/85。而梭织服装的规格按国家号型标准规定采用三元制，即由号、型和体型分类构成，如 160/84A。同时，针织服装规格的表示方法随服装品种不同而有所差异。如针织文胸号型以罩杯代码表示型，以下胸围表示号（单位为 cm），如 A75。

（三）针织服装结构设计特点

针织服装的结构设计在许多方面可以借鉴一般梭织服装结构设计的方法，但是，由于针织面料具有其独特的性能，这使得针织服装的结构设计有着其自身的特点，在结构设计中，设计师要注意充分利用和表现面料的性能。

1. 简洁性

（1）结构线的简化

针织服装中的结构线多为直线、斜线或简单的曲线，如插肩袖以斜线构成；袖山曲线简化为外凸线或简单曲线；袖窿曲线为直线与圆弧；针织内裤腰部至臀位的侧缝线为直线等。

（2）结构的简化

针织服装的结构常常比较简单，大身的袖窿和袖山一般不分前后，所以服装样板的设计很简单，衣片数量较少，大身样板、袖样板只需一块，取其 1/2 即可。这使得服装的裁剪、样板的制作以及排料得以简化，易操作，生产效率高。

（3）缝合线的省略

针织内衣中的圆筒合肩产品、连肩产品以及棉毛长裤、成形内衣裤，利用纬编针织面料的筒状结构，将前后衣片或裤片连在一起，不设侧缝线或肩线。这种设计一方面将面料幅宽与服装规格一一对应，降低了损耗；另一方面节约了裁剪与缝制的时间，使生产效率大大提高；而且避免了服装缝合线与人体的摩擦，服装舒适性得到改善。

（4）门襟的省略

针织服装大多采用套头形式，不设门襟，由于其良好的弹性和延伸性，可以形成各种领部造型，这样既可以省略裁剪缝制，又可以避免纽扣、拉链等对人体造成的伤害，方便快捷。

2. 分割与省道

梭织服装最明显的一个结构特点是常采用缝骨、省道、褶皱等方式使服装获得立体效果，而针织服装则不同，针织服装很少使用省道，在弹力针织面料和休闲服装中尤其如此。它可直接利用面料本身的弹性来塑造人体形态，服装的分割线也多为装饰性分割线。由于针织面料的弹性和延伸性较大，且不同方向其弹性、延伸性都有差异，因此，在结构设计中，特别是经常运动的部位，要尽量减少分割剪接缝和省道设计（弹力针织面料尤其如此）。否则，缝合后的省道和剪接缝易造成服装外观的牵吊和不平服，接缝后的缝骨处硬挺无弹性，凹凸不平，破坏了针织服装柔软而又舒适自然的质感，也破坏了其简洁柔软的造型；同时缝合处因为经常运动的部位频繁拉伸而增加绽线的可能。若一定需要收省或分割设计，则省道应尽可能小，分割线条也宜采用直线、斜线或简单的曲线。同样，针织面料一般也不宜运用推、归、拔、烫的造型技巧。

3. 拼接形式

针织内衣的裤类产品一般采用拼裆形式，这是针织内衣裤所特有的，但考虑到外形的美观性，针织外衣裤一般不允许拼裆。裆是为了适应臀部形态的变化，调节裤子横裆尺寸，或作加固之用，满足内衣的舒适性与卫生性，同时，裆结构也是排料适应节约面料、提高面料利用率的要求。针织内衣裤的裆宽设置应小于相应功能梭织裤裆宽值 1.5 cm 以上，所用针织面料的弹性越好，所取的裆宽值就越小。针织内衣裤的裆结构有单层和双层之分，一般根据其形状命名。

现代内衣也常采用拼接形式，塑身美体内衣就是采用拼接方法来实现人体各部位对面料不同弹性的需求，圆机成形内衣则是利用面料组织结构的变化来达到相同的目的。

4. 负样板

由于针织服装前后大身的主要区别在领部位，所以上衣一般由大身样板、领样板、袖样板构成。领样板是负样板，它表示服装要挖去的部分。使用负样板的目的是为了减少样板数量和样板制作时间。

5. 原型补正

采用弹性较大的针织面料制作紧身合体的服装时需要运用面料的弹性来实现，这类服装面料静态时的制图比例不再"相似于"人体各个部位的比例分配，而且不同方向上面料的弹性与延伸性也不一样，各细部尺寸的确定不再是一种简单的比例关系，应考虑到面料的弹性，否则设计出的样板达不到预想的造型效果，穿着时也不舒适。这类服装的设计应根据面料的性能对原型或基样进行补正，如挖肩应根据面料弹性适当增减袖窿部位的挖肩尺寸，一般弹性越大，挖肩值越小，袖窿弧线成曲率较小的窄长形。若为针织外衣，则要注意保持针织外衣的挖肩值小于相应功能梭织服装的挖肩值。否则胸宽部位受横向拉力易导致前胸不平整，形成女装胸凸造型，并时常伴有领部变形；袖子造型针织服装一般采用一片袖结构，袖中线倾斜角一般等于或稍大于肩斜角，袖窿深与袖山高相对应。外衣袖山高一般不会大于 1/3 袖窿弧长，对于造型好的制服或休闲装，可以适当增加袖山高度，但袖山上部造型宜窄。一般袖山弧线要比衣片的袖窿弧线长，其长出的量即作为缝合的吃势。针织服装袖山吃纵量（归拢量）宜小，根据款式一般控制在 2 cm 以内，否则会影响针织服装的弹性和外形美观，必要时可在袖山处使用加固衬或条带来增进袖山头的立体感和牢度。

6. 里料设计

针织外衣有时还搭配里料，里料有梭织布和针织布两种，并非针织服装都要选择针织里料，里料的选择应视面料的特性及用途而定。里料应轻薄，过重的里料会影响服装的外形；且里料应与面料性能相似，不影响面料的拉伸性与弹性，防止面料牵吊和外露；同时里料还应滑爽，以利服装的穿脱。一般情况下，针织服装的上衣不设里料，有些较正式的裙子可设里料，以防止延展、悬垂。若上衣一定要配里料，则在袖窿处应采用与里料分开设计。

7. 工艺回缩与缝耗

针织面料在缝制加工过程中，其长度与宽度方向会发生一定程度的回缩，工艺回缩是针织面料的重要特性，为保证成衣规格，因此在进行针织服装样板设计时，其主要部位的样板尺寸要加入缝制工艺回缩量，纵、横向均需考虑，不同的面料、不同的部位回缩量各不相同。

针织外衣的样板设计一般采用净样法，即在加入工艺回缩量的样板基础上再统一加放缝耗的方法，为防止拷缝不足而导致布边脱散，针织服装样板的缝耗应适当多放一些，一般缝耗宽度为 1 ~ 1.5 cm。

针织内衣的样板设计则一般采用毛样法，即在设计样板的各部分尺寸时就考虑了影响样板尺寸的各种因素，如缝耗、回缩、拉伸扩张等。因为针织内衣的生产以低成本为原则，服装的规格与面料门幅形成了一一对应的关系，由于针织面料具有弹性和脱散性，使得针织服装不同部位需要采用不同类型的线迹，即采用不同的缝纫设备进行缝制，这些缝纫设备缝制时产生的缝耗是不相同的，为节约原料，因此，在样板的不同部位加放的缝耗量也不相同，而不是采用统一加放相同缝耗的方法。

第四节　针织服装行业及设计发展趋势

一、针织服装行业发展

（一）工业化、科技化助推

不论是成形类针织服装还是坯布裁剪类针织服装，传统上主要是出于保暖御寒的需求以及卫生的生理需要而作为内衣穿着，因此在样式上很少有变化。近代针织机的发明和生产技术的不断改进，使得针织服装工业化批量生产成为可能，在技术上推动了针织服装的普及和快速发展，尤其是电脑针织横机的更新换代，使得之前难以实现的组织花型和色彩图案的设计都有可能实现。这既为设计师提供了施展创意的空间，也对设计师的学习力和创造力提出了新的挑战。

（二）生活方式与观念的转变

信息技术和交通工具迅速发展的一个重要影响是人们的生活节奏和工作节奏也在不断加快。人们开始逐渐认识到从服装中解放自己，是人穿衣而不是衣穿人。服装的舒适性成为人们购买时装时需要考虑的一个重要因素。人们工作时所穿的服装也不再像从前那样正统和拘谨，并且越来越多的人选择在家工作。因此，穿着自由舒适的休闲装日益受到人们的青睐，并越来越成为一种主流消费趋势。而针织服装恰好具备这些先天优势，这为针织服装步入时尚舞台提供了时代机遇。

（三）针织服装功能的变化

同几十年前的针织毛衫相比，人们衣橱中同一类别的针织服装的功能已经发生了很大变化。如今，人们可以通过空调来控制工作的办公室以及乘坐的轿车或公共汽车等交通工具的温度，使之保持冬暖夏凉，这使得从前夏天需要轻薄凉爽的针织衫和冬天需要厚实温暖的针织服装之间的界限已经不那么明显。

人们对针织服装的认识和消费不再简单地被理解为是为了保暖御寒的需要，针织服装已经发展成为一年四季皆可穿着的大宗服装商品，并且呈现出行业细分化和产品多元化的发展趋势。

（四）审美与创意理念的更新

不同的时代有不同的审美标准，因此时装设计首先要设计具有时代感的服装，这是服装设计师的基本职责所在，否则便难以称之为时装设计师。正是时装设计师们不断推出的新颖设计以及时尚偶像们别具一格的装扮和推广，刺激了一季又一季的时尚消费，同时也在不断推动服装审美观念的发展变化。

显然，传统上陈旧的针织服装样式已经不再能够满足消费者的审美需求，抱残守缺以不变应万变只能坐等被行业淘汰出局。相比较梭织服装业而言，针织服装业的发展起步较晚，也正因为此，针织服装业的发展空间巨大。作为针织服装设计师，需要立足于时尚前沿，以前瞻的眼光着眼于时代发展的大趋势，不仅能够设计出具有时代美感的服装，而且还能赋予时装以创新的思想和独特的思考。这也是那些国际知名针织服装设计师品牌成名的法宝和魅力所在。

二、针织服装设计发展

（一）内衣外穿与外衣内穿

内衣外穿是一种穿衣理念的变革，是指将传统本应该穿在里面的内衣作为外衣穿在外面，以及以内衣特征作为构成元素的时装设计。同理，外衣内穿指的是本应该穿在外面的服装被穿在里面的一种着装打扮。

英国设计师薇薇安·韦斯特伍德，在20世纪80年代初期推出了一个大胆的做法，将文胸穿在外衣的外面，这种在当时看起来是惊世骇俗的内衣外穿理念，如今已经成为一种潮流而逐渐被人们所接受，并且影响到了后来多位设计师的创作灵感。例如普拉达设计师在对针织服装进行设计的过程中将内衣外穿理念、灵感来源于墨西哥壁画艺术的人物绘画、撞色以及运动风格的护腿袜多种元素混搭融合；走在时尚前沿的演艺圈明星们更是身先士卒，演绎着不同造型的内衣外穿时装，对这种内衣外穿的流行起到了推波助澜的作用。

如今，内衣与外衣之间的界限正在逐渐被打破，内衣元素的款式设计已经成为一种时尚风貌，而外衣内穿的层叠穿法也已成为一种穿衣风格而广为流行。

（二）设计时尚化

古往今来，服装作为流动的风景线一直是引人注目的焦点。针织服装一旦向外衣方向发展，就不可避免地开始与时尚密切联系。服装不仅是展示给别人看的一道风景，同时也需令自己赏心悦目。

我国虽然是一个针织服装生产大国，但是针织服装生产厂都面临着规模小、产品缺乏自我特色大同小异的问题。随着针织服装的发展趋势，对于我国针织服装设计的要求也越来越高，但是我国也缺乏即懂针织工艺又懂针织服装设计的人才，更谈不上拥有专攻针织服装设计的人才来满足人们对于针织服装的消费需求。人们的生活品质在不断地提高，对于服装的要求不只是停留在服装的功能性上，而是希望通过服装穿出自己的特点。针织服装的设计就不能只是停留在现有的状况下，要不断地变化与发展以迎合人们的时尚需求。我国的针织服装的时尚化不只是紧跟潮流，而是要在继承我国传统的服装特点的同时，不断地挖掘具有本国特色的时尚。国外的服装设计创造了潮流，那是因为服装设计师在品牌文化的基础上捕捉到了顾客的消费理念和心理，从而推出符合顾客口味的产品，顾客在推崇产品的同时也就形成了相应的潮流。我国的设计师应该把握到这一点，而不是一味地跟风。

（三）设计高档化

高档化也是当下针织服装行业设计发展的主要趋势，例如意大利针织服装品牌米索尼，其产品线几乎涵盖了服装的所有领域。在人们对针织服装的传统印象似乎仍停留在休闲服装层面时，米索尼不仅牢牢占据了针织服装休闲时尚的高端市场，而且不断挑战技术极限，使其针织面料可以像梭织面料一样细腻、轻薄、飘逸，甚至还涉及了正装和礼服系列，满足了人们对服装的多方位需求，并树立了其奢华尊贵的高端品牌形象。

（四）设计多元化

从服装业发展现状来看，由于全球化和流行趋势的引导，服装市场的款式趋于同质化，彼此之间相互模仿而缺少竞争力。然而从国际知名品牌发展历史来看，一定是具有特色的服装品牌才有可能在大浪淘沙过程中最终胜出，在激烈的竞争中力求发掘空白点、找准位置，做到人无我有、人有我优，始终领先于市场，与众不同。

同梭织服装相比，针织服装虽然起步较晚，但是也面临着同样的问题。经过历史沉淀的知名针织服装品牌均具有自己的风格特色，易于识别、独树一帜，呈现出百花竞放、交相辉映的局面，而不是盲从于市场，或是墨守成规而一成不变。例如传统毛衫的发展，在设计上也愈来愈表现出多元化的设计风格。特别是那些针织服装设计师品牌通常都是以独特的设计理念和鲜明的个性化风格而给人们留下深刻的印象，从而在日益激烈的竞争中脱颖而出。对于传统针织毛衫而言，特别是羊绒衫，由于原材料成本昂贵，一些企业不愿冒设计的风险，习惯于因循守旧而选择常规的款式进行生产，因此市场上羊绒衫的款式大多比较陈旧，鲜有变化。Allude 品牌创建于德国慕尼黑，创始人安德莉亚·卡尔曾经是一名时装模特，她发现了高价位且又时尚的羊绒衫市场的空白。她以现代、时尚和前沿的设计为这种传统开司米针织衫赋予了全新的感觉，以"柔软的叛逆"作为其品牌的广告和宣言，使羊绒衫不再单纯是一种成本昂贵的产品，更重要的是高贵、优雅且充满现代气息的时尚奢侈品，为羊绒产品注入了更多的设计感和附加值，并牢固树立了该品牌在市场中的地位。

（五）设计国际化

随着我国加入了 WTO，我国的服装市场开始面向世界，在带来了高额订单的同时，也使我国的服装市场面临更大更激烈的竞争。在巨大的机遇与挑战之下，我国的针织服装产业也要不断地壮大。中国针织服装品牌在现在面临的是日益细化的国内外市场和日趋成熟化的消费者。目前，我国不缺乏针织服装品牌，但是缺乏国际化的大品牌，我国的服装生产能力第一和出口量第一，是名副其实的生产大国，但是在设计和管理方面还存在着很多的不足。在我国国内几乎没有一个真正意义上的国际化的大品牌，我国的针织服装产业必须由"中国制造"走向"中国创造"。在这一点上我国需要突出我国的品牌文化，让我国的针织服装走出国门走向世界。在现有情况下想要我国的针织服装走出国门、走向世界的服装舞台，在国际市场上拥有自己的一席之地，那让针织服装企业走上品牌化的道路就是必行之路。

（六）设计功能化

针织服装由于具有较好的弹性，穿起来柔软、舒适、自由，因而在服装上的应用十分广泛。例如对性能要求较高的各种竞技类运动服装，以及对舒适性和安全防护性要求较高的婴幼儿服装，这些需求都为功能性针织服装的不断完善提供了巨大的开发空间和市场前景。

功能性针织服装的发展总是离不开高科技力量的介入。自 20 世纪 90 年代末，服装公司运用计算机辅助针织技术来提高针织服装生产效率的做法开始普及，并使得针织服装可以得到更好的后整理效果。这些通过电脑程序控制的编织机器也使得以三维的形式生产整件没有接缝的针织服装成为可能，即生产的服装一次成形而无需额外的缝合或处理，这种无缝针织服装可以更加贴合人体的结构，减少对皮肤的刺激，进一步提高了针织服装的舒适度。而日本服装设计师三宅一生运用无缝针织技术研发出一种服装体系，称之为"一块布"的设计理念，即在机器编织出来的连续的管状针织物上进行部分裁剪，直接成为不同样式的服装，使得穿着者可以参与设计过程，根据自己的喜好进行设计。

（七）设计生态化

由于地球资源有限，可持续发展不可避免地成为人类社会发展的重要主题和方向。服装产业链从原料到成品的每一个环节，都有可能对自然环境造成巨大的污染，并对从业人员身体健康带来危害。在这样的背景下，低碳环保生态设计理念日益成为服装发展的重要潮流，并具有深远的社会意义。

低碳环保指的是低能耗、低排放，从而减少对环境的污染，实现人与自然的和谐共生。以低碳环保生态设计为倡导理念，一些服装行业组织、企业和设计师们做出了不同的设计实践。例如澳大利亚针织服装设计师基尼·加布里埃尔大力倡导低碳环保生态设计理念，倡导慢时尚，设计所需要的材料主要来自本土回收再利用的羊毛、蚕丝、羊驼毛和山羊绒混纺的纱线。

简而言之，生态设计和消费的指导原则主要包括减量设计，即减少生产过程中使用的材料和数量；为再次使用而设计，即延长产品的生命周期，提倡慢时尚，回归自然；为循环再生而设计，即采用可循环再生的原材料，提高材料的重复利用效率；为回收而设计，即回收废旧衣物二次设计，减轻自然环境的负荷程度。

第二章　针织面料的认知

第一节　针织及针织物一般概念

一、针织及其发展

（一）针织概念

针织是指利用织针把各种原料和品种的纱线构成线圈，再经串套连接成针织物的工艺过程。针织物质地松软，有良好的抗皱性和透气性，并有较大的延伸性和弹性，穿着舒适，能适合人体各部位的外形。针织品是把纱线弯曲成线圈串套而成的，无论是采用机械或手工的方式，只要是线圈串套而成的织物都被认为是针织品，《苏联百科字典》对于针织有如下定义："将长纱线弯曲成线圈并将线圈相互交织成针织布或针织成品的过程，分为手织（用钩针或织针）和机织两种"；《中国大百科全书纺织》对针织做如下定义"利用织针把各种原料和品种的纱线构成线圈，再经串套连接成针织物的工艺过程……针织分手工针织和机器针织两类"。

（二）针织发展

现代的针织技术是从早期的手工编结、棒针编织以及钩针编织发展而来的。人类进行手工编织的历史很悠久，可以追溯到公元前。而利用针织机进行编织则始于1589年，世界上第一台针织机是由英国人威廉·李在1589年发明的，这是一台手摇的、使用钩针的针织机。钩针排列成行，每次可以编织16个线圈。虽然最初的这种针织机很粗糙，全机共有3500个左右的零件，机号仅为每英寸 8 针，每分钟只能编织几百个线圈，但它却是世界针织机发展的雏形，并由此拉开了针织机械发展的序幕。

我国针织工业的起步较晚，我国第一家针织厂云章衫袜厂是 1896 年在上海建成的。随后又陆续建起了其他一些针织厂和袜厂，但规格都很小，发展也很缓慢。直到解放后，绝大多数的针织企业都是手工作坊式或半机械化生产。建国以后，通过产业结构调整、技术改造和技术引进，使针织工业得到了迅猛发展。特别是随着科学技术的发展，一方面为针织生产提供了丰富多样的新原料，另一方面，针织机械的加工技术不断提高，计算机等电子技术在针织机上的应用，使针织机的品种和规格不断扩大，针织机的自动化程度越来越高、功能越来越多，使得生产的针织品品种、花色越来越多，越来越丰富，产品质量也得到不断提高。与此同时，随着人们生活水平的提高，人们对服装的要求也越来越高。针织物特有的线圈结构，使其具有良好的弹性和延伸性、织物柔软，穿着舒适等特点，而深受人们喜爱，对针织品的需求量不断扩大。所有这些都促进了针织工业的发展，使针织工业由原来落后的生产方式发展成为现在的现代化的大规模生产方式，产品门类齐全，品种繁多，针织品已经遍布人民生活、医疗卫生、土木建筑，航空航天等多个领域。所有这些都预示着针织工业巨大的发展空间和广阔的发展前景。

二、针织物的认识

（一）针织物概念

针织物是由纱线编织成圈而形成的织物。任何针织物的结构单元为线圈，线圈是由圈干和延展线所组成。圈干的直线部段为圈柱，弧线部段为针编弧，延展线为沉降弧。针织物根据编织针床数的不同有单面和双面之分，即线圈圈柱或线圈圈弧集中分布在针织物一面的，称为单面针织物，单面针织物有正面和反面之分；而分布在针织物两面的，称为双面针织物。线圈圈柱覆盖于线圈圈弧上的一面，称为针织物的正面，线圈圈弧覆盖于线圈圈柱的一面，称为针织物的反面。由于圈弧对光线有较大的反射作用，而圈柱对光线反射一致，故反面的光泽不及正面。双面针织物可以看作是由两个单面的针织物合并而成，比单面针织物厚实，而且不易卷边。

（二）针织物分类

针织物可分为纬编针织物和经编针织物两大类。纬编是将纱线由纬向喂入针织机的工作针上，使纱线顺序地弯曲成圈并相互穿套而形成的。如图 2-1 所示。而经编针织物是采用一组或几组平行排列的纱线，于经向喂入针织机的所有工作针上，同时进行成圈而形成的针织物。如图 2-2 所示。

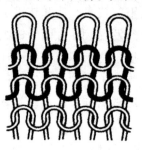

图 2-1　纬编针织物

图 2-2　经编针织物

（三）针织物结构

针织物的基本结构单元为线圈，在自然状态下它是一条三度弯曲的空间曲线。针织物的线圈有两种，一种是开口线圈，另一种是闭口线圈。它们的结构如图 2-3 所示。如图 2-3（a）是开口线圈的结构图，图 2-3（b）是闭口线圈的结构图。它们都是由圈柱 1-2 和 4-5、针编弧 2-3-4、沉降弧 5-6-7 或者是 1-6-7 组成。圈柱和针编弧又合称为圈干，针织弧又称为延展线。由图 2-3 可以看出，开口线圈的延展线在线圈的根部不相交，而闭口线圈的延线在线圈的根部是相交的。由于经编与纬编的生产工艺不同，纬编针织物中一般都是形成开口线圈，经编针织物中形成闭口线圈的情况比较多，但在有些组织中也有开口线圈。

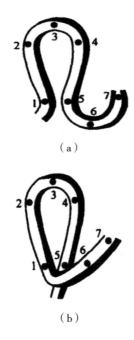

（a）

（b）

图2-3　针织物线圈结构图

针织物的基本结构参数如图2-4所示，线圈在横向相互连接的一行称为线圈横列，如图2-4中的灰色线圈代表的就是一个横列；线圈在纵向相互连接的一行称为线圈纵行，如图2-4中的花色线圈就是代表一个线圈纵行。在针织物的横列方向，相邻两个线圈之间的距离称为线圈的圈距，一般用A表示，如图2-4中的A所示；在针织物的线圈纵行方向，相邻两个线圈之间的距离称为线圈的圈高，一般用B表示，如图2-4中的B所示。

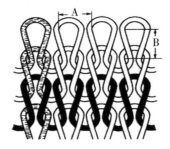

图2-4　针织物线圈基本结构参数

（四）针织物性能指标

针织物的性能可以通过针织物的一些参数来表示，这些参数称为针织物的性能指标。针织物常用的性能指标有如下几种。

1. 线圈长度

形成一个完整线圈纱线的长度称为针织物的线圈长度。线圈长度是针织物的一个重要性能指标，线圈长度的改变会直接影响针织物的弹性、延伸性、强力、耐磨性、脱散性等性能以及针织物的风格和成本。因此，在设计和生产中应严格控制。常用的针织物线圈长度的测量方法有三种：第一种是投影法，这种方法是将线圈在平面上的投影分为几段，每一段分别采用几何的方法近似地计算出其长度，再将各段的长度加起来求得整个线圈的长，这种方法一般用于针织物的性能研究及理论研究；第二种是拆散法，即在针织物上取若干个线圈，如 100 个线圈，然后将其从织物中拆散下来，在伸直不伸长的情况下测得拆下的纱线的长度，再除以线圈的个数就可以求得每一个线圈的平均长度，这种方法可用于对织物的分析；第三种是仪器测量法，这种方法是用仪器直接测量在编织过程中喂入织针里纱线的长度，可用于在生产过程中对线圈长度的在线控制。

现代针织机一般都采用积极式给纱装置或送经装置，可以有效地控制编织过程中形成一个线圈的纱线长度，使线圈长度的波动控制在很小的范围内，从而保证了针织物性能的稳定。

2. 密度

密度是表示用相同细度的纱线编织的针织物的稀密程度的指标，用规定长度内所具有的线圈数来表示，可分为横密和纵密两种。横密是指沿线圈横列方向 50 mm 内所具有的线圈的纵行数，用 PA 表示；纵密是指沿线圈纵行方向 50 mm 内所具有的线圈的横列数，用 PB 表示。在纱线的线密度相同的情况下，针织物的密度越大，表示针织物越紧密，反之则越稀疏。

由于针织物是由线圈构成的，在拉伸情况下线圈的圈柱与针编弧、沉降弧之间可以发生相互转移，从而使针织物的横密和纵密发生变化，在这种情况下测得的密度不同反映针织物实际的稀密程度。因此，在测量针织物的密度之前，必须让针织物完全松弛，使其达到平衡状态，否则测量将失去意义。

3. 未充满系数

未充满系数是表示在相同密度的情况下，纱线的线密度对针织物稀密程度的影响。它等于线圈长度与纱线直径的比值，如果用 δ 表示未充满系数，则

$$\delta = \frac{l}{f}$$

式中　l——线圈长度；

f——纱线的直径。

未充满系数实际代表了针织物中没有被纱线填充的程度，未充满系数越大，针织物中没有被填充的空间越大，表示织物越稀松；未充满系数越小，表示针织物越紧密。

4. 织物单位面积干燥重量

针织物单位面积的干燥重量是针织物重要的经济指标，用每平方米干燥针织物的重量克数表示。织物单位面积的干燥重量可以根据针织物的线圈长度 l、横密 PA、纵密 PB、纱线的线密度 Tt 和针织物的回潮率 W 计算出来。其计算公式如下

$$Q = \frac{0.004lTtPApB}{1+W}(\mathrm{g/m^2})$$

5. 针织物厚度、弹性

针织物两个表面之间的距离称为针织物的厚度，一般用纱线直径的倍数来表示。厚度主要由纱线的细度、织物的组织结构、线圈长度等因素决定。针织物的厚度不同会影响针织物的内在质量和风格，如针织物的强力、针织物的刚柔性等。

弹性是表示引起针织物变形的外力去除之后，针织物恢复原来形状的能力。针织物的弹性与针织物的组织结构、未充满系数以及纱线的弹性和纱线的摩擦系数等因素有关。针织物的弹性不同，其用途及应用范围也不同。在现代的针织生产中，除了利用针织物本身组织结构及工艺参数的变化来获得不同弹性的织物，还可以利用弹性纱线来获得高弹性的针织物，以满足不同产品对弹性的要求。

6. 针织物延伸性

延伸性是指当针织物受到外力的作用时能够伸长的特性。由于针织物特殊的线圈结构，不仅线圈的圈柱与针编弧、沉降弧之间可以相互转移，使针织物

具有很好的纵向延伸性和横向延伸性，而且由于线圈可以向多个方向变形，因此一般针织物还具有良好的多轴向的延伸性。

针织物的延伸性与针织物的组织结构、密度以及纱线的特性有关，改变这些因素可以生产出具有不同延伸性的织物。采用一些特殊的结构，也可以编织出类似机织物的少延伸性的织物。如采用衬经的方法，可以生产出纵向少延伸的织物；采用衬纬的方法，可以生产出横向少延伸的织物；同时衬经、衬纬可以生产出纵、横向延伸性都极小的织物。用经编方法生产的多轴向针织物，在各个方向的延伸性都极少。

7. 断裂强力、断裂伸长率

针织物在连续增加的负荷的作用下直至断裂时所有承受的最大载荷称为针织物的断裂强力。

断裂时的伸长与针织物原长的百分比率称为针织物的断裂伸长率。

针织物的断裂强力反映的是针织物的内在质量，断裂伸长率与针织物能够承受反复载荷的能力有关，在一定程度上反映了针织物耐疲劳的能力。

8. 针织物脱散性、卷边形

（1）脱散性

脱散性是指当编织针织物的纱线断裂或线圈失去串套联系后，线圈与线圈分离的特性。脱散性是针织物特有的特性，所有的针织物都能沿逆编织方向脱散，有些针织物还能沿顺、逆两个方向脱散。针织物的脱散性与其组织结构、未充满系数、纱线的抗弯刚度、纱线的摩擦系数性有关。

针织物的脱散性具有双重性：一方面，脱散性使得针织物在生产和使用过程中，当有纱线断裂时，线圈会发生连续的脱套，严重地影响针织物的强力和外观；另一方面，利用脱散性也可以在生产中使一些贵重的原料得到重复利用，例如在羊毛衫生产中，可以将一些编织错误或有疵点的衣片脱散重新编织，这样可以节约原料，降低成本。

（2）卷边性

卷边性是指针织物在自然状态下，其布边发生包卷的现象。卷边性主要是由于线圈中弯曲的纱线存在的内应力，弯曲的纱线力图伸直所引起的。卷边性主要由针织物的组织结构及未充满系数决定。针织物越紧密，卷边越严重；单面针织物的卷边性比较严重，双面针织物从理论上说也会有卷边性，但在实际当中卷边性很小，有些双面针织物，如 1+1 罗纹、双罗纹及一些双面提花针织物和复合组织的针织物等卷边性比较小。

第二节　针织面料的具体分类

一、纬编针织面料

纬编针织面料质地柔软，具有较大的延伸性、弹性以及良好的透气性，但挺括度和形态稳定性不及经编针织面料好。纬编针织面料所使用原料和机织面料基本相同，有棉、麻、丝、毛等各种天然纤维及涤纶腈纶、锦纶、丙纶、氨纶、粘胶纤维、莫代尔和天丝等化学纤维。

（一）纬编平针面料

纬编平针面料指的是采用纬平针组织织成的织物。纬平针面料的纵向和横向都有较大的延伸性、弹性以及良好的透气性，但容易卷边和脱散。

用细支和中支的棉纱线或涤／棉纱线按纬平针面料，多用于制作夏季穿着的汗衫，因此俗称为"汗布"，如图 2-5 所示。汗布可以采用普梳棉纱，也可以采用精梳棉纱。有漂白染色、色织和印花等品种，一般用于制作汗衫、背心、内裤、薄型棉毛衫等。

图 2-5　汗布

目前，高档的汗布多采用高支精梳棉纱织成后再经过丝光加工而成。用苎麻纱线，亚麻纱线、大麻纱线和麻混纺纱线加工的纬平针面料，吸湿性好，放湿快，透气性好，织物硬挺，凉爽不粘身，强度好，耐洗涤，特别适宜制作夏季T恤衫等；用蚕丝和绢丝加工的纬平针面料，光泽柔和明亮，手感柔软、滑爽，弹性较好，有良好的吸湿性，织物的悬垂性较好，有飘逸感，可制作内衣、T恤衫、晚礼服、裙衫等；用羊毛纱线和毛混纺纱线加工的纬平针面料，延伸性好，弹性好，手感饱满、软糯，保暖性好，多用于制作薄型或中厚型的毛衫；用腈纶纱线加工的纬平针面料，延伸性好，弹性好，手感柔软，色泽鲜艳且不易褪色，吸湿性较差，易洗快干，洗涤后不变形，但易产生静电和吸附灰尘，主要制作T恤衫、腈纶衫等；用涤纶低弹丝加工的纬平针面料，具有优良的抗皱性、弹性和尺寸稳定性，织物挺括、易洗快干、牢度好、不霉不蛀，但吸湿性差，制作贴身穿着的服装时易粘贴身体和产生闷热感，舒适性较差。

（二）纬编罗纹面料

纬编罗纹面料指的是采用罗纹组织织成的织物，如图2-6所示。罗纹面料在外观上有明显的纵向条纹。根据所用纱线的粗细和组织变化，罗纹面料的纵向条纹可宽可窄，呈现出不同的风格。在性能上，罗纹面料纵向的延伸性和弹性较好，横向的延伸性和弹性很好，裁剪时不会出现卷边现象，逆编织方向容易脱散。

图2-6　纬编罗纹面料

纯棉罗纹面料手感柔软，吸湿性好，贴身穿着舒适；绢丝罗纹面料不但手感柔软，吸湿性好，贴身穿着舒适，而且光泽比较明亮；纯羊毛、毛混纺和腈纶罗纹面料除了广泛用作羊毛衫、腈纶衫的面料外，还广泛用于袖口、领口、衣服的下摆。

（三）纬编衬垫面料

纬编衬垫面料是采用衬垫组织织成的织物。由于衬垫纱处于比较平直的状态，衬垫面料的横向延伸性较小。衬垫面料根据组织的不同，有纬平针衬垫针织物、添纱衬垫针织物、集圈衬垫针织物、罗纹衬垫针织物等，如果改变衬垫纱颜色和垫纱方式，还可形成色彩效应和凹凸效应的花色衬垫针织物。

衬垫面料的地纱一般为中等细度的棉纱腈纶纱、涤纶纱或混纺纱，衬垫纱一般用较粗的毛纱腈纶纱或混纺纱。衬垫面料一般为中厚型服装面料，可用来缝制运动衣、外衣等。

（四）纬编拉绒面料

纬编拉绒面料分单面绒和双面绒两种，其中单面绒通常由衬垫针织物的反面经拉毛整理而形成，按照绒面厚度的不同，单面绒又分为细绒、薄绒和厚绒三种；双面绒一般由双面针织物进行两面拉毛整理而成。纬编拉绒面料具有手感柔软、织物丰厚、保暖性好等特点。所用原料种类很多，底布通常用棉纱、混纺纱、涤纶纱或涤纶丝，起绒纱通常用较粗的棉纱、涤纶纱，毛纱或混纺纱等。

纬编拉绒面料应用较广，可用来缝制冬季的绒裤、运动衣和外衣等。细绒布绒面较薄，布面细洁、美观。纯棉类细绒布穿着舒适，不容易产生静电，一般用于缝制妇女和儿童的内衣；腈纶类细绒布轻便、色牢度好，但容易产生静电，常用于运动衣和外衣；薄绒布的种类很多，按原料可分为纯棉、化纤和混纺几类。纯棉薄绒布手感柔软，保暖性好，不容易产生静电，常用于制作春秋季穿着的绒衫裤；腈纶薄绒布色泽鲜艳，绒毛均匀，缩水率小，保暖性好，容易产生静电，常用于运动衫裤。

摇粒绒是近年来广泛受人们欢迎的一种纬编针织绒布，手感柔软，质地轻，保暖性好。摇粒绒以涤纶为原料，在大圆机上编织成坯布，再经拉毛、刷毛、梳毛、剪毛、摇粒等多个工序加工处理。摇粒绒正面拉毛，摇粒蓬松密集而又不易掉毛、起球，反面拉毛疏稀匀称，绒毛短少，组织纹理清晰。

摇粒绒有素色的，也有压花、提花、印花等不同类型的花纹。摇粒绒还可以与其他面料进行复合，增加保暖性，主要有摇粒绒与摇粒绒复合，摇粒绒与牛仔布复合，摇粒绒与羊羔绒复合、摇粒绒与网眼布复合中间加防水透气膜，等等。摇粒绒面料幅宽 150 ～ 160 cm，适宜制作童装、夹克衫、休闲风衣等，如图 2-7 所示。

图 2-7　纬编针织绒布摇粒绒面料

（五）纬编毛圈面料

纬编毛圈面料是指一面或两面有毛圈覆盖的纬编针织物，如图 2-8 所示。织物手感松软、质地厚实、有良好的吸水性和保暖性。毛圈面料又分为单面毛圈织物和双面毛圈织物。

纯棉单面毛圈面料手感松软，具有良好的延伸性，弹性好，抗皱性好，吸湿性好，触感温暖，常用于制作春末夏初或初秋季节穿着的长袖衫、短袖衫，也可用于缝制睡衣。

双面毛圈面料质地厚实，毛圈松软，具有良好的保暖性和温暖感。织物两面的毛圈可采用不同颜色或不同的纤维原料，形成双面不同的外观效果。

图 2-8　纬编毛圈面料

（六）纬编天鹅绒面料

天鹅绒面料表面覆盖有直立的绒毛。天鹅绒面料多用棉纱涤纶长丝、锦纶长丝、涤/棉混纺纱做地纱，用棉纱、涤纶长丝、涤纶变形丝、涤/棉混纺纱、醋酯纤维做起绒纱。天鹅绒面料可由将起绒纱按衬垫纱编入地组织后经割圈而成，也可由毛圈组织经割圈而成。天鹅绒面料手感柔软，织物丰厚，悬垂性好，绒毛紧密而直立，色光柔和，织物坚牢耐磨，可制作外衣、裙子、旗袍、披肩、睡衣等。

（七）纬编花色针织、双罗纹针织、衬经衬纬针织面料

纬编花色面料是采用提花组织、胖花组织、集圈组织、波纹组织等在织物表面形成花纹图案、凹凸、孔眼波纹等花色效应的针织物，有单面、双面及色织花色针织物。

双罗纹针织面料由两个罗纹组织彼此复合而成。用棉纱线织成的双罗纹组织的针织物，俗称"棉毛布"。该织物手感柔软弹性好、布面匀整、纹路清晰，稳定性优于汗布和罗纹布。

衬经衬纬针织面料是在纬平针组织的基础上编织。面料的纵、横向延伸性很小，形态稳定性好，手感柔软，透气性好，穿着舒适，适宜制作外衣。

二、经编针织面料

经编针织面料的原料多数采用涤纶、锦纶、丙纶等合纤长丝，也有用棉、毛、丝麻、化纤及其混纺纱的。普通经编织物多采用经平组织、经缎组织、经斜组织等织制。花式经编织物种类很多，常见的有网眼织物、毛圈织物褶裥织物、长毛绒织物、衬纬织物等。经编针织物比纬编针织物尺寸稳定，织物挺括，脱散性小，不会卷边，透气性好，但延伸性、弹性和柔软性不如纬编针织物。

（一）经编网眼针织面料

所谓的经编网眼针织物就是有网眼形小孔的织物的面料。用不同的设备可以织造不同的网眼针织面料，主要有机织网眼针织面料和针织网眼面料两种。其中机织网眼针织面料有白织或色织，也有大提花，可织出繁简不同的图案。经编网眼针织面料具有透气性好的特点，经漂染加工后，布身挺爽，除了做夏季服装广告衫，尤其适宜做窗帘、蚊帐等用品。

网眼针织面料可用纯棉或化纤混纺纱（线）编织，全纱网眼针织面料一般用 14.6～13 号（40～45 英支）纱，全线网眼布用 13～9.7 号双股线（45 英支 /2～60 英支 /2），也有用纱和线交织的，可使面料花形更为突出，增强外观效应。

经编网眼织物采用变化经平组织等织制，在织物表面形成方形、圆形、菱形、六角形、柱条形、波纹形的孔眼。孔眼的大小、形状、多少和分布都可根据需要而设计，如图 2-9 所示。

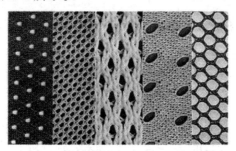

图 2-9　常见的经编网眼针织面料

经编网眼针织面料在制作服装时，也是通过熟练的裁剪、缝制及辅助加工来实现的，经编网眼针织面料具有充足的间隙，以保持空气的流通和温度控制；具有良好的导湿、透气、温度调节功能；对原料有广泛的适应性，可制作成柔软，有一定弹性的衣服；其表面性能好，尺寸稳定性好，接缝处断裂强度极高，可机洗及烘干，织物不会分层，用作罩杯和垫肩、特种服装的衬里和面料，经编间隔织物还可以用来生产卡车司机和公路建设工人穿着的安全背心。这种安全背心的里层为致密结构，而外层为网眼。里层和外层以及之间间隔层的结构使这种服装具有很好的穿着舒适性。

（二）经编仿麂皮针织面料

最近国外市场中流行仿麂皮针织物，是很受人们喜爱的高档产品，是一种化纤长丝或混纺针织物，经仿麂皮整理加工后就有像短纤维纺纱织物的感觉，改变了织物外观，使其有极其柔软的毛性手感，与麂皮相似，可做各种外衣、夹克衫、运动衫以及手套等。为此，经编仿麂皮针织面料指的是由经编织物经磨绒处理而成的外观类似于麂皮的针织物。

在纺织行业中把仿制麂皮毛风格的面料叫作仿麂皮或者仿麂皮绒。但是在纺织行业中，一般都习惯把仿麂皮或仿麂皮绒直接叫麂皮绒。麂皮绒有针织和梭织之分，针织麂皮绒又分经编麂皮绒（比较常见）和纬编麂皮绒。经编仿麂皮针织面料，具有结构稳定、绒毛牢固、弹性好、悬垂性好、耐磨性好、抗皱等特点。采用色纱编织，或在整理时进行印花、轧花处理，可有多种花色，如图 2-10 所示。

图 2-10　经编仿麂皮针织面料

（三）经编灯芯绒针织面料

经编灯芯绒针织面料为表面具有灯芯条状的经编绒类织物。有起绒和割绒灯芯绒两种，前者是将单针床经编机编织的凹凸条状的单面经编织物，经各种绒类后整理加工而成；后者是将双针床经编机编织的双层纵条经编织物，经割绒后整理加工而成。双针床经编机编织可以采用色织，也可以织好后染色，后整理工艺过程为坯布经割绒、定型、电热烫光即可。双针床经编机除可织纵条灯芯绒以外，还可采用不同的色纱穿纱顺序或改变走针方式，织出各种纵条、方格、菱形等凹凸绒面的类似花式灯芯绒织物，可作各种男、女外衣用等。经编灯芯绒织物的原料可以是天然纤维，也可以是化学纤维，织物弹性较好，耐磨性好，有休闲风格，如图 2-11 所示。

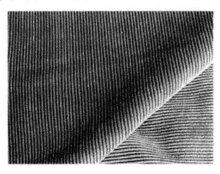

图 2-11　经编灯芯绒针织面料

（四）经编起绒、丝绒针织面料

经编起绒针织面料常以涤纶丝作原料，采用编链组织与变化经绒组织间隔配置，织成后经拉毛整理而成。外观似呢绒，绒面丰满，布身紧密厚实，手感挺括柔软，织物悬垂性好，织物易洗，快干、免烫，但容易产生静电，易吸附灰尘。经编起绒织物有许多品种，如经编麂皮绒、经编金光绒、经编平绒等。主要用作冬季男女大衣、风衣、上衣、西裤等面料。

经编丝绒针织面料常以涤纶丝作地纱，以腈纶纱等作绒纱，采用拉舍尔经编机织成绒纱做接结纱的双层织物，再经割绒机割绒后，成为两片单层丝绒。按绒面状况，可分为平绒、条绒、色织绒等，各种绒面可同时在织物上交叉布局，形成多种花色。经编丝绒织物，表面绒毛浓密耸立，手感丰厚、柔软、富有弹性，保暖性好。主要用作冬季服装童装面料。

（五）经编毛圈、提花针织面料

经编毛圈针织面料是采用毛圈组织织制的单面或双面毛圈织物。织物的手感丰满厚实，布身坚牢厚实，弹性和保暖性良好，毛圈结构稳定，具有良好的服用性能。主要用作运动服、翻领 T 恤衫、睡衣童装等面料。

经编提花针织面料是在经编针织机上织制的大花纹织物。花纹清晰，有立体感，花型多变，悬垂性好。主要用作女性的外衣、内衣面料及裙料等。

第三节　针织面料的组织结构

一、纬编针织面料的组织结构

纬编针织物是由一根或几根纱线沿针织物的纬向顺序地弯曲成圈，并由线圈依次串套而成的针织物。根据线圈结构形态及相互间的排列方式，一般可将纬编针织物组织分为原组织、变化组织和花色组织三类。

原组织是所有针织物组织的基础；变化组织是由两个或两个以上的原组织复合而成，即在一个原组织的相邻纵行间配置着另外一个或几个原组织，以改变原来组织的结构与性能；原组织与变化组织合称基本组织。

（一）纬编针织面料基本组织结构

1.纬平针组织

纬平针组织又称纬平组织，是针织物中最简单、最基本的单面纬编组织，它由连续的线圈以一个方向依次圈套而成，如图 2-12 所示。

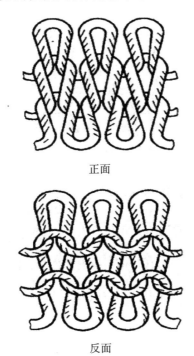

正面

反面

图 2-12　纬平组织线圈结构图

由图 2-12 可见，纬平组织针织物的正反面具有不同的外观。正面外观显出纵向条纹，是由纵向纱线圆柱组成的，光泽较好；反面显露出横向的圈弧，较正面阴暗。在纬平组织中，无论是纵行还是横列，其线圈的形态和大小是完全相同的。当纬平针织物受纵向或横向拉伸时，线圈形态会发生变化，受纵向拉伸，圈弧移至圈柱；受横向拉伸，圈柱转至圈弧，故纬平针织物的纵向伸长和横向伸长都很大，特别是横向。

纬平针织物的特点主要表现为布质轻薄，透气性较大，但织物的反面较正面阴暗，织物容易脱散，而且沿断裂处上下都脱散，织物容易卷边，纵向边缘向反面卷，横向边缘向正面卷，四角不卷，横向延伸性大，为此，纬平针织物广泛应用于内外衣裤子、手套、围巾和帽子的生产中。

2. 罗纹组织

罗纹组织是双面纬编针织物的原组织，它以一根纱线依次在正面和反面形成线圈纵行，因此织物由正面线圈纵行和反面线圈纵行组合配置而成，如图 2-13 所示。

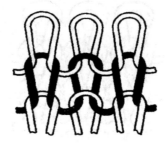

1+1 罗纹

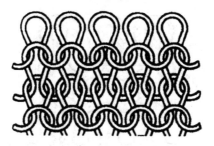

横向拉伸状态

图 2-13　罗纹组织结构图

罗纹组织的针织物在横向拉伸时，具有较大的弹性，外力去除后，变形恢复能力很强，密度越大，弹性越好。罗纹织物有逆编织方向脱散性，在边缘自由端头的线圈有卷边的趋势，广泛用于弹力背心、健美服装、棉毛衫裤、羊毛衫、针织物服装和要求拉伸性和弹性大的部位，如袖口、领口、袜口、下摆。

3. 双罗纹组织

双罗纹组织又称棉毛组织，是由两个罗纹组织彼此复合而成，即在一个罗纹组织线圈纵行之间配置了另一个罗纹组织的线圈纵行，它属于罗纹组织的一种变化组织，如图 2-14 所示。

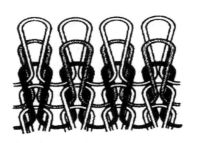

图 2-14　双罗纹组织结构图

双罗纹组织由于两个罗纹组织配置的不同，可分为 1+1 双罗纹组织、2+2 双罗纹组织等。1+1 双罗纹组织由两个 1+1 罗纹复合而成，2+2 双罗纹组织由两个 2+2 罗纹组织复合而成。双罗纹织物质地紧密，表面平整、光洁，牢度好，不易起毛起球，脱散性较小，只能逆编织方向脱散，同时，当织物中有一根纱线断裂时，另一组罗纹仍可担负外力的作用，防止破洞扩大；不会产生卷边现象，延伸性较罗纹组织小，因其两层线圈之间有一定的空隙，可贮存一定的静止空气，故其保暖性较好，广泛应用于春秋衫、裤。

4. 双反面组织

双反面组织是双面纬编组织中的一种基本组织，它由正面线圈横列和反面线圈横列相互交替配置而成，如图 2-15 所示。

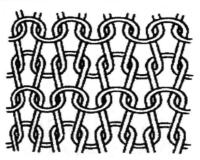

图 2-15　双反面组织结构图

双反面组织因正反面线圈横列数的组合不同而有许多种类，如 1+1 双反面组织、2+2 双反面组织等。织物的纵向延伸性、弹性都很大，横向延伸性与纬平针组织相同，容易脱散，卷边性根据正反面线圈横列的不同配置而不同，相同数目正反面线圈组合而成的双反面组织因卷边力相互抵消而不会产生卷边现象。但 2+1、2+3 等双反面组织中，由反面线圈横列可形成显著的浮凸横条效应，如果将正反面线圈横列以不同的组合配置就可以得到各种凹凸花纹。双反面组织及由双反面组织形成的花色组织被广泛地应用于羊毛衫、围巾、帽子和袜子生产中。

（二）纬编针织面料花色组织结构

纬编针织面料的花色组织是采用各种不同的纱线，按照一定的规律编织不同结构的线圈而形成的。花色组织按照线圈结构可分为以下几类：提花组织、衬垫组织、集圈组织、毛圈组织、菠萝组织、纱罗组织、波纹组织、添纱组织等。随着化学纤维工业的发展，为花色织物提供各种不同性质的原料，使产品更具有多样化，使针织物具有彩色、闪色、起孔、凹凸等外观效应和良好的保暖性以及较小的延伸性等。

1. 提花组织

提花组织是将纱线垫放在按花纹要求所选择的某些针上进行编织成圈而形成的一种组织，如图 2-16 所示。提花组织可分为单面提花和双面提花组织，单面提花组织，只适宜编织小型花纹，否则过长的浮线易造成抽丝；双面提花组织的浮线被夹在织物两面的线圈之间，所以即使有较长的浮线亦被夹在织物两面的线圈之间。另外单面提花组织有卷边性，双面提花组织则不卷边。

提花组织的延伸性、脱散性较小，织物较厚重，容易形成图案以及实现多种纱线交织，形成的花纹逼真、别致、美观大方、纹路清晰。提花组织被广泛应用于服装、装饰和产业用等各个方面，例如 T 恤衫、羊毛衫等外穿服装面料、沙发布等室内装饰以及小汽车的座椅外套等。

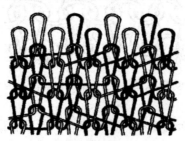

图 2-16 提花组织结构图

2. 衬垫组织

衬垫组织是以一根或几根衬垫纱线按一定比例在织物的某些线圈上形成不封闭的圈弧，在其余的线圈上呈浮线停留在织物反面。衬垫组织主要用于绒布生产，在整理过程中进行拉毛，使衬垫纱线成为短绒状，增加它的保暖性，有的利用花色线作为衬垫纱，增强外观装饰效应。衬垫组织织物一般用来缝制外衣。

衬垫组织可以平针组织或添纱组织为地组织，如图 2-17 和图 2-18 所示分别为平针衬垫组织和添纱衬垫组织。改变衬垫纱的垫纱顺序、垫纱根数、悬弧长度或颜色可形成凹凸、斜纹、纵向条纹和方块等花色效应，使用时通常将有花色效应的一面作为服装的正面。这类织物由于衬垫纱的存在，横向延伸性小，织物尺寸稳定，多用于 T 恤等外穿服装。此外衬垫纱还可用于拉绒起毛形成绒类织物，起绒织物表面平整，保暖性好，可用于保暖服和运动衣。

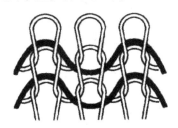

图 2-17　平针衬垫组织结构图

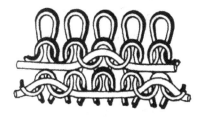

图 2-18　添纱衬垫组织结构图

3. 集圈组织

在针织物的某些线圈上除套有一个封闭的旧线圈之外，还有一个或几个未封闭的悬弧，这种组织称为集圈组织，如图 2-19 所示，集圈组织的结构单元由线圈和悬弧组成。

集圈组织可分为单面集圈和双面集圈。单面集圈组织是在平针组织的基础上进行集圈编织而形成的，单面集圈的花纹变化繁多，利用集圈单元在平针中的排列和使用不同色彩与性能的纱线可形成具有斜纹、图案、孔眼及凹凸等效应的织物。双面集圈组织是在罗纹组织和双罗纹组织的基础上进行集圈编织而形成的，常用的双面集圈组织有畦编组织和半畦编组织，如图 2-20 和图 2-21 所示。半畦编组织和畦编组织由于悬弧的存在和作用，比罗纹组织厚重，宽度也较大，花型饱满蓬松，悬垂性好，美观大方，在羊毛衫生产中得到了广泛的应用。此外，集圈还可应用于双层针织物，起到一种连接作用，例如两面采用不同原料的平针结构，中间通过集圈连接，可形成双面吸湿导汗织物。

图 2-19　集圈组织结构

图 2-20　半畦编组织结构

图 2-21　畦编组织结构

集圈组织的脱散性较平针组织小，但容易抽丝，其厚度较平针和罗纹组织大，横向延伸性较小，集圈组织上的线圈大小不匀，因此强力较平针组织和罗纹组织小。集圈组织广泛应用于羊毛衫、T恤衫及吸湿快于功能性服装等方面。

4. 毛圈组织

毛圈组织是由平针线圈或罗纹线圈和带有拉长沉降弧的毛圈线圈组合而成的，如图 2-22 所示。毛圈组织一般由两根纱线编织而成，一根编织地组织线圈，另一根编织带有毛圈的线圈。毛圈组织可分为普通毛圈组织和花色毛圈组织，并有单面和双面之分。

图 2-22　毛圈组织结构图

普通毛圈组织中每一个毛圈线圈的沉降弧都形成毛圈，花色毛圈组织可分为提花毛圈组织（花型由两根或两根以上的色纱组成）、浮雕花纹毛圈组织（毛圈仅在一部分毛圈线圈中形成，形成浮雕效应）和两种不同高度的毛圈组织（毛圈高度不同）。

毛圈组织的延伸性、脱散性与卷边性与其地组织相仿；因毛圈纱与地纱一起参加编织，故毛圈织物的毛圈固着性好，可将其割剪开形成绒类织物；毛圈织物的毛圈松软，手感丰满，织物厚实，又能储藏空气，具有良好的保暖性和吸湿性，适宜制作毛巾毯、睡衣、浴衣、男女开衫、套衫和上装等。

5. 菠萝组织

在编织时将某些线圈的沉降弧与相邻线圈的针编弧挂在一起，使有些新线圈既与旧线圈的针编弧串套，还与沉降弧发生串套，由于沉降弧的转移，使得织物表面形成菠萝状的凹凸外观，这样的组织称为菠萝组织。

菠萝组织除可在单面组织的基础上形成外，还可以在双面组织的基础上形成。以平针组织为基础形成的菠萝组织，其沉降弧可以转移到右边针上，也可以转移到左边针上，还可以转移到左右相邻的两枚针上。

菠萝组织表面可形成凹凸孔眼效应，织物的透气性强；菠萝组织在编织成圈时，沉降弧拉紧，当织物拉伸时，各线圆受力不均匀，张力集中在张紧的线圈上，因此菠萝组织的织物强力较低，纱线容易断裂产生破洞。

6. 纱罗组织

纱罗组织是在纬编组织的基础上，按照花纹要求将某些线圈进行移圈形成的，因此又称移圈组织。纱罗组织中移圈的方式和规律发生变化时，即可在织物表面形成不同的花色效应，一般可分为挑花组织和绞花组织。

（1）挑花组织

挑花组织是在纬编基本组织的基础上，根据花型要求，在不同的针和不同的方向进行线圈移位，构成具有孔眼花型的组织，如图2-23所示。挑花组织又称挑孔组织、挑眼组织或空花组织。挑花组织轻便、美观、透气性好，适宜于制作春夏装。

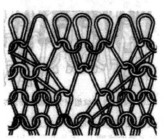

图2-23 挑花组织结构图

（2）绞花组织

绞花组织是根据花型要求，将某些相邻织针上的线圈相互移位而成，又称为拧花移圈组织。如图2-24所示。

绞花组织可分为单面绞花组织和双面绞花组织。绞花组织一般以粗针织物为主，外观比较厚实，呈现拧花效应，给人以粗犷豪放、充满活力的感觉。

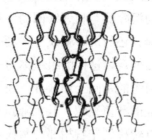

图2-24 绞花组织结构图

除在移圈处有所改变外，纱罗组织的线圈结构一般与它的基础组织相同，因此纱罗组织的性质与其基础组织相近。移圈除可编织成各种不同的纱罗组织外，还在成形针织物的编织中被广泛应用。

7. 波纹组织

波纹组织是由倾斜线圈形成的波纹状的双面纬编组织，它由正常的正立线圈和向不同方向倾斜的倾斜线圈组成。倾斜线圈是根据波纹花型的要求，在横机或圆机上移动针床所形成的，因此波纹组织又称扳花组织。改变倾斜线圈的排列方式，可得到曲折、方格、条纹等各种花纹效应。

用于波纹组织的基础组织是各种罗纹组织、集圈组织和其他一些双面组织。波纹组织的结构和花纹随采用的基本组织的不同而不同，波纹组织的性质与其基础组织相近，但比后者宽，且较紧密，而延伸性和弹性较差。一般用于T恤和外衣生产中。

8. 添纱组织

添纱组织是针织物中的全部或部分线圈由一根基本纱线成圈和一根或多根附加纱线共同成圈形成的组织。

采用添纱组织，可使织物的正面和反面具有不同的色泽和性能，此类织物一般为全部添纱组织，即织物中的全部线圈都由两个线圈重叠而成，一种纱线显现在织物的正面，另一种纱线显现在织物的反面，以平针为地组织的全部添纱组织多用于功能性、舒适性要求较高的服装面料，如丝盖棉及导湿快干织物等，这类织物挺括、厚实、延伸性小、尺寸稳定，穿着舒适；或可使织物表面具有花纹效应，此类织物一般采用与地组织异色的纱线沿纵向或横向覆盖在织物的部分线圈上形成局部添纱组织，纱线沿织物纵向覆盖的称为绣花添纱组织，如图2-25所示。绣花添纱组织花纹处反面有较长浮线，织物表面不平整，从而影响织物的服用性能，在袜品生产中应用较多；沿横向覆盖的称为架空添纱组织，如图2-26所示。架空添纱组织可生产网眼袜。

 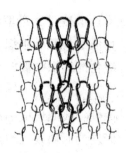

图 2-25　绣花添纱组织结构图　　图 2-26 架空添纱组织结构图

另外，采用不同捻向的面纱和地纱进行编织时，可减少或消除线圈歪斜的现象；添纱组织还可增强织物的耐磨性，适合编织袖口和领口。添纱组织一般采用纬平针组织作为地组织，其特性基本与纬平针组织相似，但局部添纱组织有浮线，紧密度较纬平针组织大，因此其延伸性和脱散性小于纬平针组织，但易勾丝。

（三）纬编针织面料复合组织结构

复合组织是由两种或两种以上的纬编组织复合而成，可以由不同的原组织、变化组织和花色组织复合而成。复合组织可以根据各种组织的特性复合成所需要的组织结构，以改善织物的服用性能与其他性能。复合组织可分为单面和双面复合组织。

1. 单面复合组织

单面复合组织是在纬平针组织的基础上，通过成圈、集圈、浮线等不同的结构单元组合而成。如图 2-27 所示为一单面复合组织，该织物由 4 个成圈系统形成一个循环，每一个成圈系统中都可形成线圈、悬弧和浮线，利用各种结构单元的配置形成山形斜纹效应。

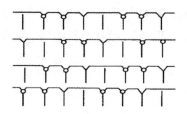

图 2-27　单面复合组织结构图

由于悬弧和浮线的存在，与纬平针织物相比，单面复合织物的纵、横向延

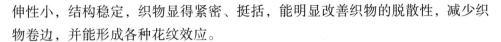

伸性小，结构稳定，织物显得紧密、挺括，能明显改善织物的脱散性，减少织物卷边，并能形成各种花纹效应。

2. 双面复合组织

（1）罗纹型复合组织

编织时上下织针呈 1 隔 1 交错配置，并由罗纹组织和其他组织复合而成的双面织物称为罗纹型复合组织。常见的罗纹型复合组织有罗纹空气层组织、点纹组织、罗纹网眼组织和胖花组织等。

罗纹空气层组织由罗纹组织和平针组织复合而成，该组织由三个成圈系统编织一个完全组织，第一个成圈系统编织一个 1+1 罗纹横列，第二、三个成圈系统各在织物的正反面编织一个平针横列，这两个横列相互之间没有联系，在织物上形成双层袋形即空气层结构，在织物表面形成凸起的横楞效应。罗纹空气层织物横向延伸性较罗纹织物小，尺寸稳定性提高，并且比罗纹织物厚实、挺括，保暖性较好，广泛应用于内衣、毛衫等。

点纹组织是由不完全罗纹组织和单面变化平针组织复合而成，一个完全组织需要四个成圈系统编织。由于成圈顺序不同，点纹组织又可分为瑞士式点纹组织和法式点纹组织。其中瑞士式点纹组织结构紧密，尺寸稳定性增加，横密大，纵密小，延伸性小，表面平整；法式点纹组织纵密增大，横密变小，使织物纹路清晰，幅宽增大，表面丰满。点纹组织可用于 T 恤、休闲服的生产。

罗纹网眼组织是在罗纹组织的基础上编织集圈和浮线而形成的复合组织。罗纹网眼组织的最大特点是在织物的表面形成具有凹凸状的菱形网眼，这种织物的透气性好，但纵向延伸性小，横向延伸性较罗纹组织小。

胖花组织是按照花纹要求将单面线圈架空配置在双面纬编的组织中形成的复合组织。胖花组织的特点是形成胖花的单面线圈和地组织的反面线圈没有联系，胖花线圈呈架空状凸出在织物的表面，形成凹凸花纹效应。

胖花组织一般可以分为单胖和双胖两种。单胖组织是针筒针在织物一横列中仅有一次单面编织，根据色纱数又可分为单色、两色和三色等单胖组织。而双胖组织是针筒针在织物一个完整线圈横列中连续两路单面编织，根据色纱数也可分为素色和多色。

胖花组织不仅可以形成提花组织那样的色彩效应，还具有凹凸效应。单胖组织在一个横列中只进行一次单面编织，所以其正面花纹不够突出，在生产中常采用双胖组织。双胖组织厚度和面密度都比单胖组织大，花纹效应更明显，但容易勾丝和起毛起球，织物的强度也较低。胖花组织可用做外衣织物，也可用来生产装饰织物，如沙发座椅套等。

（2）双罗纹型复合组织

双罗纹型复合组织是织物在编织时上下针槽相对，织针呈双罗纹配置，并由双罗纹组织，与其他组织复合而成的双面复合组织。双罗纹型复合组织的特点是脱散性和延伸性较小，组织结构紧密。双罗纹型复合组织的类型主要有双罗纹空气层组织、双层织物等。

双罗纹空气层组织由双罗纹组织和平针组织复合而成。双罗纹空气层的正反面平针横列之间没有联系，在织物上形成空气层结构。双罗纹空气层织物紧密厚实，横向延伸性较小，有较好的弹性，针织物表面有双罗纹线圈形成的横向凸出条纹。双罗纹空气层组织一般用于制作内衣和休闲服等产品。

双层织物是以双罗纹组织为基础，结合集圈与平针组织复合而气层组织成。织物的两面可由不同色泽或不同性质的纱线编织，从而使织物两面具有不同的性质与效应，习惯上又称这种组织为两面派织物或丝盖棉织物。双层织物可采用不同性质的纱线，制成具有吸湿、导汗等性能的面料，可以作为外衣、运动服功能性内衣等的面料。

二、经编针织面料的组织结构

经编针织物是由一组或几组平行的纱线沿织物经向同时成圈并在横向相互串套连接形成的针织物。和纬编针织物一样，经编针织物组织也可分为原组织、变化组织和花色组织三类。

原组织是一切经编组织的基础，包括编链、经平、经缎和重经组织以及双面的双罗纹编链、双罗纹经平和双罗纹经缎组织；变化组织是在原组织的基础上变化而来的，包括变化经平、变化经缎和变化重经组织，原组织和变化组织合称基本组织；花色组织是在原组织或变化组织的基础上，利用线圈结构的变化，或者另外编入一些色纱、辅助纱线或其他纺织原料等，以形成具有显著花色效应和不同性能的组织。

（一）经编针织面料基本组织结构

1. 经平组织、经缎组织、重经组织

经平组织是由同一根经线所形成的线圈轮流配置在两个相邻线圈纵行中形

成的组织。经平组织织物的特点主要表现为织物正反面均呈菱形网眼、织物纵横向都具有一定的延伸性，卷边不明显，可沿纵行逆编织方向脱散。主要用于夏季 T 恤及内衣。

经缎组织指的是每根纱线顺序地在三枚或三枚以上的织针上垫纱成圈形成的组织，该组织在一个完全组织中有半数的横列线圈向一个方向倾斜，而一半的横列线圈向另一方向倾斜，逐渐在织物表面形成条纹效果，如五针开口经缎、五针闭口经缎。经缎组织形成的织物延伸性较好、卷边性与纬平组织相似、同等条件下织物较经平组织织物厚实，主要与其他经编组织复合使用，在织物表面形成一定的花纹效果。

重经组织是由一根纱线在一个横列上连续形成两个线圈的组织。重经组织有多种形式，如开口重经编链组织、闭口重经编链组织、开口重经平组织、闭口重经平组织等。重经组织性质介于经平和纬平组织之间，脱散性较小，弹性较好。

2. 变化经平组织、变化经缎组织、变化重经组织

变化经平组织由两个或两个以上的经平组织组合而成，几个经平组织的纵行相间配置，一个经平组织的延展线与其他经平组织的线圈在反面相互交叉。变化经平组织的延展线较长，织物的横向延伸性较小，卷边性类似于纬平针组织，线圈断裂时会逆编织方向脱散，坯布反面的延展线类似于纬平针组织的线圈圈柱，常以工艺反面作为效应面。

变化经缎组织是由两个或两个以上的经缎组织的纵行相间配置而成的。变化经缎组织的线圈呈倾斜状，但其倾斜程度较经缎组织为小，延展线较长，横向延伸性也较小。

变化重经组织是在一横列中对两枚织针同时垫纱的纱线在下一横列中相对于前一横列移过两枚针距垫纱的组织。变化重经组织线圈呈倾斜状态，形成孔眼形的结构。

3. 罗纹经平组织、双罗纹经平组织

罗纹经平组织是在双针床经编机上编织的一种双面组织，编织时前后针床的针交错配置，每根纱线轮流地在前后针床上成圈。罗纹经平组织的外观与纬编的罗纹组织相似，但由于延展线的存在，其延伸性不如罗纹组织。

双罗纹经平组织是由两个罗纹经平组织复合而成的双面组织。双罗纹经平

组织在坯布的一面呈现直纵行效应，另一面呈现曲折纵行效应。

（二）经编针织面料花色组织

经编花色组织是在原组织或变化组织的基础上，利用线圈结构的变化，或者另外编入一些色纱、辅助纱线或其他纺织原料等，以形成具有显著花色效应和不同性能的组织。经编针织物的花色组织主要有基本经编花色组织、缺垫经编组织、衬纬经编组织、压纱经编组织以及缺压经编组织等。

1. 基本经编花色组织

（1）满穿双梳经编组织

经编基本组织为单梳织物，在结构上存在着许多缺陷，如织物稀薄、覆盖性差、稳定性差、线圈歪斜等，因此很少单独使用，在实际生产中，广泛采用2～4梳来设计基本经编组织，以获取某些特殊性能和外观花色效应。

双梳经编针织物采用两组经纱，由前后两把梳栉同时垫纱在每枚针上编织而成，每只线圈由两根纱线形成，结构稳定，表面平整。

满穿双梳经编织物可以分为双经平组织、经平绒组织、经平斜组织、经绒平组织、经斜平组织和经斜编链组织等，其中经平绒织物应用很广，它是由后梳进行经平垫纱运动，前梳进行经绒垫纱运动所形成的。因前梳较长的延展线覆盖于织物的工艺反面，使得织物的手感光滑、柔软，具有良好的延伸性和悬垂性，常用作女性内衣、弹性织物、仿麂皮绒织物等。

满穿双梳经编组织有素色和多色之分，在满穿双梳的基础上，对其中一把或两把梳栉采用一定根数、一定顺序的色纱进行编织，可以得到彩色纵条纹织物和对称花纹织物。

（2）空穿双梳经编织物

在工作幅宽范围内，一把或两把梳栉的某些导纱针上有规律地不穿入经纱，所形成的经编织物称为空穿双梳经编织物。采用后梳满穿，前梳部分空穿，可在织物上形成凹凸和孔眼效应。

两把梳栉均为部分空穿并配以适当的垫纱方式时，部分相邻纵行的线圈横列会出现中断，由此形成一定大小、一定形状呈规律分布的孔眼。

2. 缺垫经编组织

缺垫经编组织是指部分梳栉在一些横列处不参加编织的经编组织。在编织该类组织时，周期地使一把或几把梳栉不在针上垫纱。这些梳栉上的纱线不形成线圈，而是在坯布反面形成直线，直到重新编织。

利用缺垫经编组织可以形成很多花色效应，常见的有褶裥、方格和斜纹效应。缺垫经编织物坚牢稳定、美观大方，常用于内外衣、裙料、装饰织物如汽车座垫套等方面。

3. 衬纬经编组织

衬纬经编组织是指在线圈圈干与延展线之间，周期性地垫入一根或几根不成圈的纬纱的组织，可分为全幅衬纬和部分衬纬。

部分衬纬组织是指利用一把或几把不作针前垫纱的衬纬梳栉，在针背敷设几个针距长的纬向纱段的组织。在地组织上利用较粗的衬纬纱按一定的走针轨迹垫入，可以形成起花经编织物；若利用起绒纱衬纬，并使之在织物工艺反面呈自由状突出，拉绒后即可形成绒面，获得起绒衬纬经编织物；若将部分衬纬与地组织配合，可得到网孔经编织物，如编链组织与横向的衬纬纱可构成方格网孔。

全幅衬纬经编组织是指将长度等于坯布幅宽的纬纱夹在线圈主干和延展线之间的经编组织。全幅衬纬经编织物中，若衬入的纬纱延伸性小，则织物的尺寸稳定性好，类似机织物；选用不同色纱进行选择性衬纬，可形成清晰的横向条纹；使用各种不同的花式纱作为纬纱，可以形成具有特殊外观效应的织物。全幅衬纬经编织物可用于窗帘、床罩及其他室内装饰品，也可以用作器材用布，包装用布等。

4. 压纱经编组织

压纱经编组织是指衬垫纱绕在线圈基部的经编组织。压纱经编组织常用的基本组织为编链和经平组织，通过变化穿经和垫纱规律，可形成多种花色，主要包括绣纹压纱经编组织和缠接压纱经编组织。前者利用压纱纱线在地组织上形成一定形状的突出花纹，在织物上可形成浮雕效应；后者利用压纱纱线相互缠接或与其他纱线缠接，可形成一定花纹效应的经编组织。压纱经编织物主要用于窗帘、床罩及其他室内装饰品。

5. 缺压经编组织

缺压经编组织是指有些线圈并不在一个横列中立即脱下，而是隔一个或几个横列才脱下，形成了线圈相对拉长的经编组织。缺压经编组织可以分为缺压集圈和缺压提花两类。

在某些横列中有些针垫到纱而不压针，最后形成悬弧的组织称为缺压集圈经编组织。缺压集圈经编组织可以形成凹凸花色、孔眼等效用应。

在几个横列的某些织针上，既不垫纱又不脱圈而形成拉长线圈的经编组织称为缺压提花经编组织，该组织可形成贝壳状花纹效应。缺压组织可以形成多种花色效应，在服装和装饰用布中应用较多，如男女内外衣、窗帘、床罩等。

第四节　针织面料的服用性能

一、面料形态稳定性能

针织面料的形态稳定性能又叫外观保持性能，是指在穿着过程中的稳定性，与织物的抗皱性（折痕恢复性）、免烫性等有关。一般经编针织面料的形态稳定性能好于纬编针织面料。

（一）抗皱性能

针织面料的抗皱性是指面料在使用中抵抗起皱以及折皱容易恢复的性能。通常用折皱回复角来表示，分纵向和横向折皱回复角。抗皱性还可以折算为折皱回复率，分急弹性折皱回复率和缓弹性折皱回复率两种。一般针织面料的横向折皱回复率大于纵向折皱回复率。急弹性回复率大，表示针织面料不易起皱；缓弹性回复率大，表示面料在外力去除以后能慢慢地消除折皱，面料的抗皱性能强。在纤维性能方面，纤维弹性是影响面料折皱回复性的最主要因素。纤维拉伸弹性回复率大，初始模量高，则面料的抗皱性较好。

针织面料由于由线圈结构组成，其抗褶皱能力比机织面料强。一般来说，化学纤维面料的折痕恢复性能比天然纤维面料要好。主要是化纤的弹性回复性好，且纱线之间的摩擦力小，所以折痕恢复率较高。天然纤维针织物特别是天然纤维素纤维如棉、麻针织物的折痕恢复性能较差。

1. 褶皱变形的形成机理

针织面料在加工处理过程中局部有折叠现象存在，经一定时间的外力（压力）作用，有折叠的折缝处产生变形，形成折皱变形。折皱形成以后，当后续加工中没有较强的湿、力条件将其恢复时，这种折皱变形便固定了下来，保留

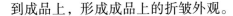

到成品上，形成成品上的折皱外观。

2. 折皱变形产生的原因

第一种是染整前的干坯布在折缝处受到较大的压力作用而形成折痕的情形。这种折缝在湿处理过程中能得到基本恢复，但如压力过大会导致线圈的部分转移，不能充分恢复到正常的线圈状态，产生折皱变形，并保留在成品上。

第二种是湿态的针织物在有折叠的状态下受到压力作用而形成折痕的情形。这种折皱变形在一般条件下往往不能恢复。

第三种是在漂染过程中，织物在有折叠的状态下快速降温，而把高温阶段的折缝暂时地保留了下来，具有类似于热塑变形的情形，这种折皱变形在急速降温时比较严重，同时会大面积出现。

要减少或避免折皱的产生，不仅要尽可能地消除产生折皱的条件，而且还要有控制产生折皱和改善折皱的技术手段。产生折皱的条件在绳状染整的状况下总是存在的，只有改进生产系统，加强现场控制，才能避免强折皱变形的发生，而对于轻微的折皱可以通过改进柔软、烘干及定型的方式来改善，达到基本消除折皱的目的。

（二）免烫性能

棉、毛、丝、麻等天然纤维具有吸湿性好、穿着舒适等特点，一直是人们服用消费的主要纤维品种。但是，天然纤维有易缩水、起皱，洗涤后易产生皱折等缺陷，无法满足人们对服装面料美观舒适、保养方便等越来越高的要求。

棉织面料的树脂防皱整理始于第一次世界大战期间，全棉衬衫的免烫整理也有四十多年的历史。但由于受当时整理剂和整理技术的限制，所整理衬衫的弹性回复性能虽然得到了显著提高，但强力、耐磨性下降，手感粗糙，特别是游离甲醛释放量较高。近年来随着精细化工制造技术的提高和对树脂整理机理研究的深入、自动化技术的发展，美国率先成功地解决了全棉衬衫的成衣免烫整理技术，所整理的全棉衬衫具有良好的免烫和耐洗性能，手感柔软、强力损失小、游离甲醛释放量低。日本在 1992 年引进美国的成衣免烫整理技术，1993 年投入规模生产。我国的许多服装企业也引进了美国或日本的全棉衬衫成衣免烫整理技术和设备，成功地生产了全棉免烫衬衫。

全棉衬衫和全棉针织衫虽然都由棉纤维加工而成，但两者的组织结构不同，全棉针织衫由线圈套结而成，结构疏松，弹性模量低，易伸长变形，弹性回复性差，而且缩水率大，因此免烫整理的难度更大。

经免烫整理的面料，其服用性能不同程度地受到了损失。主要破坏形式表现为撕裂和折边磨损。由于面料的耐磨试验数据稳定性差，标准中选择试验方法成熟的织物的断裂强力和撕裂强力两项指标评定机织物的耐用性能，针织物考核顶破强力。另外，规定了本白和漂白织物的白度值，以此防止泛黄。丝绸类织物的耐用性能仅考核抗移性能。

耐用性指标是以产品的最终用途分类规定的，且是对洗涤前产品的要求。最低档要求的断裂强力 160 N，撕裂强力为 7 N。白度要求洗涤前后的产品均应达到 70%。

1. 棉针织面料的免熨整理

要得到最佳免熨整理，要选择正确的整理剂配方和焙烘条件。由于普通树脂整理后的织物强力下降，甲醛含量超标，因此研究降低甲醛释放量的工艺和低甲醛整理剂或无甲醛整理剂的开发一直是个研究热点。

免烫整理方法一般有前焙烘法、后焙烘法和成衣整理法三类。

（1）前焙烘法

前焙烘法是先对织物进行树脂整理，再缝制成成衣，其工艺流程为织物半制品→浸轧整理剂溶液→预烘→焙烘→裁剪→缝制→整烫→成品。织物的平整性好、尺寸稳定，成本最经济，但由于织物上树脂膜的存在，缝合处的强度下降，影响成衣质量。同时也不便于成衣加工的弯曲造型，成衣的立体感不强，而且由于缝线和织物在洗涤时收缩率不同，缝合处会起皱。

（2）后焙烘法

后焙烘法是织物先浸轧整理剂，低温烘干，然后缝制成成衣，再进行熨烫、焙烘。其工艺流程为织物半制品→浸轧整理剂溶液→低温拉幅烘干→裁剪→缝制→整烫→焙烘→成品。织物平整、尺寸稳定，制成的成衣有永久折缝，缝合处起皱可降至最低限度，还能避免缝合处织物强度下降的问题。但由于焙烘前树脂尚未成膜，在成衣缝制时，水分、汗液接触织物会影响成衣定型防皱效果。预浸轧处理后，织物上的树脂有效期较短，并受温、湿度影响，不能长期存放，否则会影响免烫效果。这种工艺路线也可能使织物过早定型，在织物上产生难以去除的皱痕而影响产品质量。

（3）成衣整理法

成衣整理法是 20 世纪 90 年代出现的新工艺，整理过程中不会出现过早定型或早熟，成衣的立体感更强，可形成耐久折缝。成衣整理法是先将织物缝制成成衣再进行免烫处理。根据整理设备的不同又可分成浸渍脱液干燥焙烘和喷雾干燥焙烘两种方法，但一般都采用前者。这种方法首先将成衣在免烫整理液中浸渍一段时间，然后离心脱液，再经预烘、蒸汽熨烫，最后焙烘定型。服装经过焙烘后，交联树脂便使服装的折裥和平整的外观固定下来，服装经穿着洗涤后，纤维力图回复到交联时的状态，这就是所谓的"形态记忆"功能。这种工艺可克服上述两种工艺的不足，而且免烫效果更佳。

2. 毛织面料免熨整理

毛织面料的免熨整理主要针对羊毛的缩绒性。缩绒使毛织面料在洗涤时容易产生毡缩，使织物变厚、发硬、面积缩小、表面结构模糊弹性降低，严重影响了织物的外观和服用性，这在一定程度上限制了羊毛的应用领域及市场的拓展。为此，必须对羊毛织面料加以防缩整理。

目前羊毛的防缩方法大致可分为三类：第一类为减法，将羊毛表面的鳞片软化和去除，从而减少羊毛表面的方向性摩擦效应；第二类为加法，在纤维表面用树脂状物质覆盖，通过交联作用使纤维方向性摩擦效应减弱；第三类为加减法，减法和加法相复合的办法，取长补短，实现防缩。

3. 丝织面料免熨整理

目前真丝绸面料的免熨整理已摒弃仅用化学后整理但效果不明显的方法，采用改变原料组合、丝线结构、组织变化等物理方法和化学后整理相结合的方法，并在织造印染过程中采用一系列的特殊加工工艺和高新材料，使免熨整理取得了很好的效果。

（1）物理处理方法

用各种新型纤维如涤纶、腈纶、黏胶、Lycra、Tencel、Modal 以及天然竹纤维、大豆蛋白纤维等与真丝交织、混纺、包缠复合，利用各种纤维性能的优势互补及多种纤维的差别化特性，开发多元纤维的复合绸。这样既可降低真丝产品中的真丝比例，又可降低所用真丝的等级要求，降低产品的成本，改善产品的防缩抗皱等服用性能。

再者是将织物组织复杂化，采用新颖的双面组织、变化组织或者多层的复合组织，从织造中改变丝绸的结构，再通过印染中的防缩免烫整理，使产品既保持了真丝针织绸高雅飘逸、手感柔软、光泽柔和及贴体舒适的特点，又具有可机洗、洗后不缩不皱、弹性优越、自然回复的卓著性能。

（2）化学整理方法

常规的树脂防皱整理，虽然织物折皱弹性提高，但手感发硬，色泽变萎，织物上含有游离甲醛，并不适合于真丝织物。

硅酮弹性体或反应性有机硅整理非常适合于真丝针织物，既能提高其抗皱性，又有柔软平滑作用，且没有副作用。日本目前效果最好而常用的是甲基丙烯酰胺（MAA）接枝，经 MAA 接枝后，织物的抗皱性及抗静电性提高，吸湿性、悬垂性随接枝率增加而增加，染色性能几乎不变。其整理方式既可生丝脱胶前接枝，也可生丝脱胶后接枝，还可织物脱胶后接枝整理。真丝针织物经接枝加工后用于外衣面料甚至高级真丝西服，克服了易缩易皱、过分飘逸、容易泛黄的缺点，既有柔中带挺的厚实感，又有独特的光泽和风格。

而通过物理与化学相结合的方法，从纤维组合、纱线结构、组织设计至后整理工艺全方位的研究开发，将是今后丝织面料免熨整理的方向。

二、面料感官性能

面料的感官性能是一个综合而复杂的系统，涉及织物多方面的因素。它又可分为面料的轻重感、冷热感、手感等。

面料的轻重感、冷热感是指心理和生理层面的综合感受，涉及人的视觉触觉；织物手感是人手摸、体触织物的综合性能感觉的一种描述，是接触感觉效果的主观反应。总的说来，从手感上看，羊绒最轻最柔，羊毛温暖而中挺；化纤丝硬而蓬松，天丝滑垂，莫代尔软而重，大豆纤维软柔，竹纤维柔滑。在运用和设计中，可以根据需要进行组合选择，采用混纺或交织方法改善针织物舒适性。例如两面异面的交织法，天然纤维用于织物贴身面，改善服用舒适性，而具有功能性的合成纤维在织物外表。单面织物采用两线或三线添纱的方法编织；双面织物采用两面各自编织单面组织，在某些部位以集圈将两面连起来。

织物的手感是消费者选购织物时用来评价面料的主要方法。通过手感可以权衡产品的用途，评价产品的档次，不同用途的织物有不同的手感要求。外衣类织物，要求挺括、有毛型感。针织外衣面料的主要品种有中厚型经编面料、中厚型纬编面料、薄型经编面料、经编拉绒面料、人造麂皮、针织天鹅绒及人造毛皮等；内衣类织物则要求柔软，有棉型感。主要的针织内衣面料品种有针织汗布、棉毛布及针织绒布等。夏装最好具有轻薄凉爽的丝绸感，同时也要有身骨，冬装则要有厚实温暖的丰满感。由于针织面料具有良好的弹性、延伸性、透气性和易伸曲性，适合运动要求，现今的大多数运动装均采用针织面料。针织运动装以涤盖棉织物、绒类织物及衬氨纶的经纬编织物为主要原料。

影响织物手感的因素，从不同的角度考虑，主要有组成织物的纤维与纱线的性质、织物组织与密度、染整工艺等方面。就纱线的特性而言，其几何形态、结构决定着织物手感的刚柔程度。

与环锭纱相比，喷气纱硬挺度高，其织物制品具有手感硬挺脆爽、导湿透气、麻感强、坠感好等特点，更宜做夏季服饰及装饰用织物。实践证明，通过配置合适的喷嘴压力等工艺参数还可以使织物手感产生较明显的变化，从而满足预期的手感效果。

转杯纱外松内紧的结构特性和稍多的短毛羽可为针织物提供高的覆盖率和柔软的手感。特别是转杯纱针织物经多次水洗后其手感愈来愈软，这一点与环锭纱正好相反。

根据原料纤维的外观形态、色泽、手感及强力等特点，通过人的感觉器官，用手摸、眼看的方法来区分纤维的大类。天然纤维的长度整齐度较差，有长有短，短的只有几毫米；而化学纤维的长度是机械切断的，比较整齐，基本上是一种长度。因此，根据长度特征用肉眼即能区别天然纤维和化学纤维。在天然纤维中，棉纤维比较柔软，有各种杂质疵点；麻纤维比较粗硬，常因胶质而集成小束，纤维长度差异比棉纤维大，短纤维含量也多；羊毛的长度较麻和棉长，卷曲、柔软而富有弹性；蚕丝的长度比棉、麻、毛长得多，具有特殊的光泽。

化学纤维的外观形态基本上相似，用手感目测法区别是有困难的。但是，由于粘胶纤维的湿强特别低，可以将纤维着水后，用手拉其强力，以区别人造纤维和合成纤维。

丝绸织物的感官鉴别法是真丝织物手感柔软，富有强力，搓之有丝鸣声；人造丝手感稍粗硬，且有湿冷的感觉。真丝的光泽柔和，亮而不刺眼；人造丝有独特的类似金属的光泽。织物用手紧握待放松后，人造丝织物皱纹较多；真丝品皱纹少而不明显。用舌端舔湿而揉之，人造丝物易破碎；真丝品较强硬。

棉织物和毛织物的感官鉴别是前者弹性差，手感软，光泽较差；后者弹性好，不易起皱，手摸有温暖感。

三、面料强力性能

（一）拉伸断裂性能与耐磨性能

针织物的拉伸断裂性能表示指标有断裂强力和断裂伸长率。检测的基本原理是用适宜的机械方法对试样给予逐步增加的拉力，直至在规定的时间限度内发生断裂，由仪器记录断裂强力和断裂伸长率。这种方法对弹性比较大的针织物和花边并不适用。

针织物的耐磨性能试验方法通常采用马丁旦尔法。其原理是将圆形试样在一定压力下与标准磨料按 Lissajous 曲线的运动轨迹进行互相磨损，导致试样破损，以被磨出一破洞为止。

根据现代消费者的着装观念，服装常常不是因为破损（拉伸断裂或磨破）而被淘汰，而是随着色彩的流行和款式的变化而被更新，尤其强调着装的舒适、健康和环保，一般作为服装用的针织面料都能满足强力和耐磨性能的要求，因此，在现代面料的服用性能测试方面，一般都省略了拉伸断裂性能和耐磨性能等方面的测试，只是在试验新工艺、新产品确有必要时才进行这方面的测试。

（二）顶破与胀破性能

某些衣着用品，如手套、袜子及衣裤的肘膝部等，在服用过程中不断受到集中性负荷的顶、压作用而遭到破坏，这种破坏方式称为顶破。顶破的受力方式与单向拉伸断裂不同，它属于多向受力破坏。顶破强力是我国考核部分针织物等级的项目之一。由于针织物本身易变形且变形大，一般评价其物理性能时并不使用拉伸强力这个指标，因此顶破强力是其最重要的内在质量考核指标之一，它对面料的服用性能有着直接影响。通常针织物的顶破强力越高，质量就越好，服装的穿用时间就较长。所以，针织成衣在使用前准确检测其顶破强力指标值，对合理选配面料十分重要。

国外如美国、欧盟、日本、韩国、加拿大、澳大利亚等用胀破方法进行考核。其原理是将一定面积的试样覆盖在弹性膜片上，并用一个规定尺寸的环形夹具夹住，在膜片下平缓地增加流体压力，直到试样破裂。作用到一定面积试样上使之膨胀破裂的最大流体压力称为胀破强度。胀破扩张度是指在承受胀破压力下的试样膨胀程度，为试验时试样表面中心的最大高度，以毫米（mm）表示。在外贸中，通常根据双方的贸易合同决定采用何种标准来进行检测。

四、面料缝制性能

（一）拉伸性

针织物的拉伸性也称为弹性、延展性。针织物的组织虽然很多，但是最基本的组织单元都是线圈，线圈之间串套形成织物，当受到外力作用时，由于摩擦阻力较小，线圈中的圈柱和圈弧发生转移，使织物在受力方向的长度增加，外力消失后又会恢复原状。这种变化在坯布的纵向与横向都可能发生，发生的程度与原料种类、弹性、细度、线圈长度以及染整加工过程等因素有关。

因为弹性针织面料的手感柔软、合体，不妨碍人体活动，所以成为内衣、休闲装的理想面料。同时弹性又为服装造型提供了条件。在针织服装款式设计时可以通过直身的简单造型实现合体效果，完全不用设计省道、分割线，就可以将女性的曲线表现出来。因此，针织面料成为世界时装舞台的新宠，很多设计师相继采用。另外，很多运动装如泳装、体操服、芭蕾舞服等，需要服装能够展现人体美与造型美，而且能适应人体多种活动要求，这些服装选择了轻薄的高弹性针织面料。由于面料优越的弹性，这些服装在结构设计时样板的尺寸比人体相应尺寸还要小，这样在穿着时才能如同第二层肌肤一样，完全附着在皮肤表面，没有一点冗余，使身体能运动自如。

针织物的拉伸性为服装设计提供了很多便利，但由于拉伸性的存在，面料的尺寸稳定性相应较差，在裁剪、缝制、整烫的过程中都需要注意。在裁剪前需要将面料放置至少 24 小时，让面料能将生产、加工、后整理等过程中所受的外力充分释放，使面料恢复到比较稳定的尺寸；铺布过程中尽量避免用力牵拉坯布；裁剪过程中为避免面料出现滑移牵拉现象，可以采用专用的布夹夹住再开裁；缝制过程中对于容易受拉伸的领口、裤口、袖口、挂肩、下摆、裤裆等部位要选用适应拉伸的弹性线迹，如绷缝线迹、"之"字形线迹、双链式线迹等，缝纫线也需要弹性和牢度较好的涤纶丝。而需要相对平整与稳定的口袋、门襟、领子部位可以采用弹性较小的线迹，并采用衬布、牵条等方法加固，防止拉伸变形。

（二）脱散性

当针织物的纱线断裂或线圈失去穿套连接后，会按一定方向脱散，使线圈与线圈发生分离现象。脱散性与面料使用的原料种类、纱线摩擦系数、组织结构、未充满系数和纱线的抗弯刚度等因素有关。单面纬平针组织的脱散性较大，提花织物、双面组织、经编织物的脱散性较小或不脱散。因此在结构设计和缝制工艺时，可采用卷边、滚边、绷罗纹边等措施防止布边脱散，或采用包缝、绷缝等防脱散的线迹。

为了避免布边脱散，在结构设计中尽量减少分割线，保持面料的完整性。在款式设计时可以采用滚边、绷罗纹等处理方式。在面料组织结构的设计中可以减少纬平针结构，采用如罗纹、双反面、提花等组织，脱散性要比纬平针小一些。绣花的设计也应该多采用电脑绣花，可以缩短浮线长度，防止因为勾丝而导致纱线断裂。

脱散性也有其有用之处，一些手工和横机编织毛衫利用其脱散性，能够在织坏或者不满意的情况下重新开始编织，这样可以节约成本。另外，一些针织服装利用线圈的脱散，形成镂空、牵连等透视效果，达到特殊的面料机理效应。

针织服装缝制时，布边常采用包缝、绷缝等线迹防止面料脱散，同时，针织服装缝制前一般要经过柔软处理，主要是为了防止缝制时缝针以扎断纱线，形成针洞而导致脱散。有些毛衫在缝合裁片时采用单链式线迹，这种线迹有弹性而且节省缝线，但最大的弊病就是易脱散，这样一旦缝线中间出现断裂或者线头毛露，稍受外力拉扯，衣片就会裂开。现在正在兴起的无缝针织服装，它不仅减少甚至省去了缝制工作，而且使针织服装的贴身感受更为舒适。

（三）歪斜性

1.纬斜

当圆筒纬编针织物的纵行与横列之间相互不垂直时，就形成了纬斜现象。纬斜产生的原因很多，主要有以下几方面。

（1）原料性能

即纱线的性能，主要是纱线的捻度，由于纱线捻度的不稳定，编织成线圈的纱线力图解捻，引起线圈的歪斜。若采用 Z 捻纱，则在织物表面形成自左下向右上的纹路歪斜；采用 S 捻时，线圈的歪斜方向与 Z 捻纱相反。纱线捻度越大，则歪斜越明显。

（2）织物组织结构

在单面针织物组织结构中，如平针、单面集圈、衬垫、单面提花等一般都会产生较明显的歪斜。

（3）上机工艺参数

如线圈长度等，对织物的纬斜有一定的影响。针织物越稀，线圈长度越大，织物产生的歪斜也较大。

（4）机器的条件

如机器的路数、机器的旋转方向等都对织物的纬斜有一定影响。用针织圆纬机生产时，路数多，机器转一周编织的横列数多，布面就会产生较大歪斜。另外，机器的不同回转方向产生的编织斜向也不相同，机器顺时针旋转产生的布面歪斜为左下向右上，逆时针刚好相反。

2. 扭斜

扭斜是指坯布或成衣在洗涤后发生的布面纹路歪斜现象，是衡量针织产品内在质量的一个重要考量因素。

扭斜的测量采用较多的方法主要有两种，分别为车缝布袋法与实际长度法。首先车缝布袋，洗涤后测量其扭曲程度，采用扭曲大小相对于水洗布袋的百分比表示，一般取小于5%。这种方法与缝制条件等有关；水洗后直接测量产品扭曲部分的实际长度法，此类方法测量值一般小于 20 mm。

扭斜产生的原因：从结构上讲，针织物最基本的结构单元是线圈，针织物的不同组织是由纱线成圈与否以及不同的串套连接方式形成。无论何种织物中，线圈总存在一个最稳定的状态，即平衡状态。

由于针织物在生产过程中，不断受到各种外力作用，往往引起不同的变形，当织物经洗涤并在自由状态下干燥时，由于织物浸湿后的纤维膨润，弛缓过程加速，给纱线以充分的回缩，最终使织物接近平衡状态。此时织物的各项性能都会回缩到最稳定的自然状态，此时布面也达到稳定的位置。因此，如果织物在生产后残留有应力变形，一旦遇到恢复平衡状态的条件（如水等），这些变形就会回缩，从而在织物的表面发生扭曲变形。

（四）工艺回缩性

针织面料在后整理以及缝制加工过程中，其长度与宽度方向会发生一定程度的回缩，其回缩量与原衣片长、宽尺寸之比称为回缩率。回缩率的大小与坯布组织结构、原料种类和细度、织物密度、染整加工工艺、后整理、环境温湿度、停放时间、印花与裁剪的先后顺序以及缝制工艺等条件有关。工艺回缩性是针织面料的重要特性，在结构设计、款式造型和加工过程中要考虑适当的放松量，其回缩率也是样板设计时必须考虑的工艺参数。

在服装结构的设计中，衣长、裤长、袖长、裙长等长度方向的尺寸计算，必须将工艺回缩率考虑进去。以衣长为例，在已知服装款式及规格的情况下，样板衣长的计算公式如下：

样板衣长尺寸 = （成品衣长尺寸 ± 下摆规格尺寸 + 缝耗）/（1- 回缩率）

回缩率的大小可以在服装大批量加工前，通过实验的方法求得，也可以根据以往的经验值，但要考虑款式的特殊性，如缝制流程的长短、印花工艺的先后顺序等。为了保证最终尺寸达到预先设计的规格，在缝制前必须使面料静置24 小时以上，充分释放面料在染整加工和后整理以及卷装过程中所受的外力，恢复由于弹性形变导致的尺寸变化。另外，同批产品的工艺流程应保持一致，在缝制过程中避免用力牵拉。

（五）卷边性

某些针织物在自由状态下其边缘会产生包卷现象，这种现象称为卷边性。这是由于线圈中纱线被弯曲的部分具有内应力而力图使线圈伸直而引起的。

影响卷边性的因素主要有织物组织结构和纱线性能（弹性、线密度、捻度和线圈长度）等两方面。织物组织中，单面针织物卷边性较严重；双面针织物由于正反面线圈弹性力的相互抵消，卷边性小；罗纹织物则无卷边性。纱线性能方面，因须条加捻成纱时，必然产生相应的反转扭矩（抗扭刚度），这种扭力愈大，织物卷边也愈显著；具有热塑性的纱线，织物或纱线经过湿热定型后，卷边性可大大减小甚至消除。

消除针织物卷边现象的一种更有效、更简便的方法是选用回扭捻势低的纱线，如喷气纱、涡流纱或转杯纱。因为这三种纱线的结构特性与环锭纱不同，属于双重结构的纱，分纱芯和外包纤维两部分。转杯纱的纱芯结构与环锭纱相似，比较紧密，外包纤维结构松散，无规则缠绕在纱芯外面，且 Z 捻和 S 捻缠绕同时存在，因而捻回力最低；喷气纱和涡流纱中由于有高比例的平行无捻的芯纤维，同样具有较低的捻回力。

卷边性是针织物的不足之处，卷边现象会影响到服装的款式造型，给裁剪带来了很大的不便，对面料的尺寸也有影响；卷边还会带来缝纫上的麻烦，导致缝制工作效率下降，影响生产进度；它还可以造成衣片接缝处不平整或服装边缘的尺寸变化，最终影响服装的整体造型效果和服装的规格尺寸。所以通常情况下都要避免卷边的存在。生产中一般用镶接罗纹口、滚罗纹边、镶嵌粘合衬条或挽宽边等方法加以解决。

但卷边现象也可产生特殊的外观效应，合理利用针织物的卷边性来设计服装，在针织物服装上形成花型或与其他组织结构搭配组合，特别是应用在羊毛衫和夏季 T 恤衫的设计中，将会产生独特的外观效果。如毛衫在领口部位的自然小卷边，工艺简单，俏皮生动；休闲 T 恤衫中更是大胆使用卷边，对领边、袖边、底边甚至侧缝都采用自然卷边的设计，或者另外接缝一个卷边的布边，让服装的外观体现出更加自在，洒脱的个性。

（六）勾丝、起毛起球

勾丝是指针织物在使用过程中，如遇到尖硬或粗糙的物体，互相接触时，织物中的纤维或纱线被勾出的一种现象。它会影响服用性能和美观。勾丝程度与织物的结构、疏密度、原料特性、后整理等有关。

起毛则为织物在穿着及洗涤过程中不断受摩擦，织物表面纤维端被拖出，露于织物的表面而形成起毛。若这些起毛的针织物在以后的使用过程中，不能脱掉，甚至互相纠缠在一起，称为起球。影响起毛起球性能的因素很多，主要为针织物所用原料的品种、针织物组织结构、染整加工的条件等。

一些合成纤维的纯纺或混纺针织物（如涤棉针织物）表面容易起毛起球，主要是因为合成纤维间抱合力小，纤维的强伸度高，弹性也好，特别是耐疲劳与耐磨性好，故纤维端容易滑出织物表面，一旦在表面形成小球后，又不易很快脱落。全棉和人造纤维织物由于纤维强度低，耐磨性差，因而织物表面起毛的纤维被较快磨掉。

在生产实践中为了减少针织物起球，应用比较多的是选用喷气纱或涡流纱，再配以合适的工艺，达到抗起球的效果。由喷气纱或涡流纱织成的针织物，其抗起球性明显优于环锭纱和转杯纱织成的针织物。这一方面是由于喷气纱、涡流纱的纤维定向明显，不易相互滑移，紧密的包缠结构抑制了纤维自由端的形成，从而使起球速率降低；另一方面，喷气纱、涡流纱的成纱毛羽较少，织物布面比较光洁，也是不易起球的重要因素。另外，采用紧密纺纱线来编织针织物，可以有效地解决起毛起球问题。

（七）抗剪性

针织物的抗剪性表现在两个方面：一是由于面料表面光滑，用电刀裁剪时层与层之间易发生滑移现象，使上下层裁片尺寸产生差异；二是裁剪化纤面料时，由于电刀速度过快，铺料又较厚，摩擦发热易使化纤熔融、黏结。

为改善针织面料的抗剪性，可采取如下措施。

第一，裁剪光滑面料时，铺料不宜过厚，忌动，宜用夹具固定或上下层之间铺上垫纸，然后开裁，防止上下层移动、散乱。

第二，电裁刀的速度不宜太快，控制裁剪温度在面料允许的范围之内。可采用波形刀口的刀片，高档真丝针织面料可用手工裁剪。

第三，开刀要看清进出刀路，尽量避免重复进刀，以免上下层滑移。

第四，采用最新的激光工艺裁剪与切割。激光工艺裁剪与切割，即将高强度的能量集中到指定的面料部位，并将能量转化为热能对所需面料进行精确切割。相比传统手工裁剪和电动裁剪切割，激光工艺不仅能达到服装加工对裁片作业的精确度要求，而且能有效提高劳动生产率。裁剪前，激光束不施加任何力，因此不需要真空布料定位装置。特别是对那些聚酯或聚酰胺含量较高的面料来说，激光裁剪的优越性将更加明显。因为激光能使这类面料裁剪的边缘轻微熔化，这样就形成了不会散边的熔接边缘，裁剪的边缘可以不加任何处理（无修剪止口和不折边）。

五、面料舒适性能

面料的舒适性能是指满足人体生理卫生和活动自如所需而具备的各种性能，包括刚柔性、起毛起球性、拉伸弹性、冷感性、黏体性、导热性、保暖性、导湿性、吸湿性、透气性、透湿性、手感等。

面料舒适性的检验方法，一是采用人体穿着试验的主观评价方法，这种预测评估的方法可以获得非常有用的第一手信息，可以确定消费者的需要，并与产品的技术特征联系起来，但费时费力，花费高；二是利用仪器检测织物的热、湿传递性能、机械性能以及穿着的外观性能的客观检验方法，仪器检测可以定量地评估与面料舒适性有关的织物的质量和特点，已被广泛地采用。舒适性是一个复杂的系统，涉及的因素很多，舒适水平是由生理、心理和物理三个方面决定的，只有三方面的因素达到一种最佳状态，人体才会感到舒适。影响穿着舒适性的因素具体有三类：视觉舒适性、触觉舒适性、热湿舒适性。

（一）视觉舒适性

视觉的舒适指是否合体、雅致、美观，主要反映心理的舒适。针织服装由于面料的特性，特别是良好的弹性、延伸性和柔软性，决定了其自身的设计特点，即力求简洁、精炼，采用流畅的线条和简洁的造型来强调针织服装的舒适、合体、轻松、自然的风格。

（二）触觉舒适性

1. 接触舒适性

接触舒适性是指人体皮肤在外加织物或服饰作用时的一种生理感觉。它源于人体皮肤和织物接触时，织物对人体表皮层下神经系统的刺激，使人感觉到刺激所作用的部位、区域和持续时间。

由织物接触所造成的不适感主要包括一是织物引起的刺痒感，是指对贴身内衣特别是含毛纤维内衣常产生的感觉，这种瘙痒被认为是和皮肤过敏反应有关联，长期引起瘙痒的刺激会导致皮肤发炎；二是粘体感，是指织物对出汗皮肤的粘贴；三是摩擦、粗糙感，是指当织物在皮肤表面移动时，人体可感知到与其表面几何特征有关的粗糙和挂刺感，它与面料的粗糙度和服装压力有关，随皮肤湿度水平增加而增加。

织物贴肤的舒适感主要是以下方面：一是表现在织物接触皮肤的瞬间所产生的冷暖感；二是对于持续作用于皮肤的爽适触感，主要表现在纤维的表面形态和湿传导性；三是动态穿着感，指由服装对人体的覆盖产生的压力刺激和由于人体的生理特征产生的各种热刺激以及衣服在皮肤上的滑移等形成的综合感觉。

人们穿着服装的总体接触舒适性因素中，柔软感对接触舒适性的影响较大，束缚感、合身感及粗糙感次之，而滑爽感对接触舒适性的影响较小。穿着接触舒适性在很大程度上取决于织物的刚柔性及着装的整体合身性。

2. 压迫舒适性

现在市场上大量出现氨纶等高弹性纤维贴身内衣、紧身内衣和美体塑身内衣等紧身针织服装，在体现其美体塑身功能的同时，还要具有良好的穿着舒适性。这就要求在美体塑身和穿着舒适性上达到一个平衡，体现出压迫舒适性、视觉舒适性的完美统一。

针织面料压迫不适分析。

一是压迫。利用针织面料的弹性所设计的服装规格尺寸会小于人体的尺寸，或者没有预留出人体活动所需的必要松量。在这种情况下，服装在穿着时处于拉伸状态。这样合体的针织服装在穿着中会出现令人不适的束缚感，尤其在长时间穿着时这种感觉会加重，造成腰酸背痛、血流不畅和疲倦感。

二是刺、扎疼痛。当面料与皮肤接触时，面料上突出的纤维、缝线、铭牌、商标等开始对皮肤产生刺激作用，在有的压力情况下，这些刺激作用变大，当达到某种程度时，对皮肤产生较大的剪切力，人的痛觉神经末梢被激活从而产生痛感。

针织服装面料压迫舒适性设计。

（1）压力舒适性

当服装对人体存在压力时，对神经和血管的压迫会在人体局部形成缺氧神经区，血液循环不畅，造成疲劳、酸痛、紧张、麻木等不舒适感。为了避免由服装压力给人体带来的危害，在紧身针织服装设计中要注意掌握适度的原则。

针织服装在结构设计中一般采用零加放或者减量设计，主要考虑的因素如下。

其一，不同纤维成分、不同组织、不同厚度的针织物，弹性和弹性回复性都不相同，所以在设计时要针对面料的性能进行设计。

其二，人体腰部对压力的承受能力较好，而胸部、上臂则容易在压力作用下产生疲倦感，在设计中要加以注意。另外，针织服装的边缘部位常常以弹性织带收口以防止变形和移位，在这些部位要注意压力的掌握。因为弹力织带作用的部位受力面积小，容易产生较大的压强，造成勒迫的感觉。

其三，不同类型的服装对压力的要求不同。讲究造型美的内衣、线条优美的贴身服都对人体有压力。但要注意确保在人体的舒适要求范围内，以便长时间穿着。整形内衣要有适度的压力才能对人体起到塑形作用。在设计时，要注意重点局部的舒适性设计，如大腿根、肩带等处。束缚的系结扣都放在前中或附近，就是考虑在相同情况下，前中腹部所受的压强比侧腰处小。

其四，个人喜好、敏感程度、耐受能力和年龄都对服装的压力舒适性有影响。年轻人对压力的耐受较好，面向年轻人的针织服装在结构设计上可以略微紧身些，而儿童和中老年服装的设计要适度松身。

（2）触觉舒适性

针织服装的触感是各种服装中较好的，但是紧身针织服装由于存在压力而使原本不成问题的面料、结构、工艺和细节都成为影响舒适性的障碍，主要考虑因素如下。

其一，刚性小的纤维、较小线密度的纱线、平滑的组织、柔软整理等都对针织服装的触感舒适性有帮助。特别是紧身度高的服装，对贴体面料的舒适性要求更高。目前，市场上的塑身整形内衣通常以涤纶、锦纶为里料，在压力和时间的作用下造成极不舒适的触感，增加了人体的负担。采用柔软的棉或粘胶材质的平纹针织物能够有较大的改善。

其二，人体活动时，服装会伸长以适应人体的运动。但人体的形变常常大于面料所提供的延展量，这就要求服装相对人体产生滑移。在存在压力的情况下，服装与人体之间的摩擦力增加，服装的滑移会大受影响，造成牵制、束缚的感觉。

其三，在热、湿的状态下，服装的粗糙感会增加，服装与人体间的摩擦力也增大，对服装的触感造成负面影响。基于此，紧身度较大的塑身衣应采用开放式的设计，增加通透感；保暖的针织服装要适度松身。

其四，扣合件、花边、织带等附件也要注意其成分和质感。硬挺的挂钩垫布、起毛球的贴边织带、刺扎感的蕾丝都是目前市场上针织服装的常见弊病。缝份的包边要密度适宜，过密会造成起棱现象，应采用柔软包缝线，必要时可以设计为外缝式。商标和洗标要柔软、光滑，边缘应为织边，否则热分割时产生熔融的硬边会造成刺扎感，必要时可以设计为外置式的。刺绣的缝线、加工时衬纸的选择都很重要，尤其是大面积刺绣时更应注意。

（三）热湿舒适性

在人体—服装—环境这个系统中，人体必须保持恒温，当外界环境条件改变时，人体可以通过改变自身的热、湿条件进行调节，保持人体与环境的热传递平衡。然而人体自身的调节能力有限，因此着装就成为一种必需的行为调节手段。服装的功能就在于在各种气候和生理条件下，保证人体的热、湿条件处在人体生理调节范围内，保持舒适性。

服装的热舒适性能对人体保温起重要作用。服装的功能之一是保持体温，因此要有防热传导、热辐射性能，这些性能受材料热传导、热射线的反射、吸收等性能所支配，并受款式设计、媒介及外界因素的影响。服装的湿舒适性能对人体调节体温则起着重要作用。在高温的季节或人体做剧烈运动时，人体皮肤会大量出汗，通过体液的蒸发来散热。此时服装的湿传递是维持人体的热平衡、使人感到舒适的重要因素。

热舒适性能与湿舒适性能是紧密相关的，如果人体汗汽不能顺利通过织物，使微气候中湿度增大，影响人体蒸发散热，人体会有闷热感；如果汗液充满织物中，挤走织物中隔热空气，会使织物保暖性下降，在某种时候，人体会有阴冷感。

第三章　针织服装的设计思维

第一节　针织服装的设计构思

针织服装的设计构思是设计者对针织服装造型、色彩、面料、饰物全方位的思考与酝酿，按照设计意图将平时积累的素材和信息提炼成为初步形象的过程。它既是针织服装设计的中心环节，又是实施针织服装设计方案的第一步。针织服装设计构思是建立在设计定位、信息资料、市场调查和了解生产实践的基础上，对造型款式、色彩、穿着对象与环境、服装性能、结构、材料制作程序和销售等多种因素综合思维和判断的创造性劳动。

针织服装设计构思的任务是将收集到的信息与素材在头脑中加工制作成全新的、完整的针织服装形象；针织服装设计构思的内容是选择和处理题材，发掘主题，提炼形式，塑造形象，使内容与形式达到完美的结合；针织服装设计构思的关键是塑造服装形象。

针织服装设计构思的依据和要素是多方面的，归纳起来有以下几点，这就是设计界中称为 TPO 的设计原则，即 Time、Place、Objeet。换句话讲就是谁穿、何时穿、何地穿、因何穿。

谁穿：这是人的因素，包括性别、年龄、国籍、职业、教育状况、宗教信仰、个人嗜好、体形、肤色、发色等诸多方面的因素。

何时穿：考虑环境因素，包括时间、季节等。

何地穿：地处热带、寒带还是温带？山区或平原？户内或户外？

因何穿：是旅游，还是社交或运动？

上面所提到的这几点是针织服装设计中所要考虑的要素，服装设计师若不能设身处地地去了解不同阶层人们的生活、情感、思维方式、生活习惯等，在设计针织服装时就非常容易失败。

第二节　设计思维的基本方式

设计是为了某种目的制订计划，确立解决问题的构思和概念，并用可视的、触觉的媒体表现出来。所谓设计思维，就是构想、计划一个方案的分析、综合判断和推理的过程。在这过程中所做工作的好坏直接影响设计作品的质量，这个"过程"具有明确的意图和目的趋向，与平时头脑中所想的事物是有区别的。平时所想往往不具有形象性，即使具有形象性，也常常是被动的复现事物的表象。设计思维的意向性和形象性是把表象重新组织、安排，构成新的形象的创造活动，故而，设计思维又称之为形象思维和创造性思维。

设计思维时常伴随灵感的闪现和以往经验的判断，才能完成思维的全过程。思维是因人而异的，不可相互替代。每个人的思维与他的经历、兴趣、知识修养、社会观念，甚至天赋息息相关。任何一件服装的设计，都是多种因素的综合反映，因而就出现了差异，设计方案也就出现了好坏优劣之分。其实，设计思维本身并不神秘，几乎所有人都曾遇到过、运用过。例如布置家居时，有些东西是随意放置的，而有些物品，尤其是十分珍惜并希望别人重视的，往往要经过一番精心布置，要考虑它的位置是否合理，是否也能受到别人的重视等问题。又如外出时当你准备穿一件非常喜欢的毛衣时，总要考虑一下搭配什么样的下装合适，穿什么颜色的皮鞋才好看，甚至内衣、耳环、拎包等服饰品也不会轻易地忽略，直到取得最令人满意的效果。这些不被人重视的"精心布置"和"考虑一下"的思考过程，如果变成一种有意识、有创意的思索，基本也就成为我们所要谈到的设计思维了。

针织服装设计千变万化，其设计思维的方法也是各种各样的，但基本方式有以下三种：发散思维、收敛思维、侧向思维。

一、发散思维

发散思维也称开放思维，就是从多种角度进行多维的思考，设想出多种方案，是一种活跃设计、展开思路、寻求最佳方案的思维过程。这一思维多用在服装设计的初级阶段，在运用发散思维时，往往是以已经明确或被限定的因素和条件作为思维发射的中心点，据此展开想象的双翅。一条线索不行，再择出路，整个思维方式构成发射状，故称"发散思维"。

运用这种思维最忌讳思维僵化和框框的限制。应以毫无思想顾虑，"打一枪换一个地方"为最佳状态。在跳跃式的思维想象中，时常伴随着灵感的闪现，并可体会"山重水复疑无路，柳暗花明又一村"的意境。

以"针织领型"为思维发散中心点的发散思维，如图 3-1 所示；以"流苏与毛衣的组合"为思维发散中心点的发散思维，如图 3-2 所示。

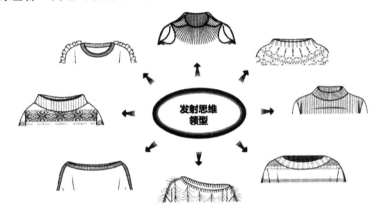

图 3-1　以"针织领型"为思维发散中心点的发散思维

图 3-2　以"流苏与毛衣的组合"为思维发散中心点的发散思维

突破惯例和常规，克服心理"定式"，在不同方位和方向上进行各种假设，是设计构思中发挥创造力的最重要方面。从思维方面来看，突破常规的原则是改变一贯的做法，而不被任何已知经验和成规所束缚。每一件成功的服装设计作品中，几乎都有这一特征。克服心理"定式"，对于突破常规、开拓思维也很重要。所谓"定式"，即是认知一个事物的倾向性心理准备状态，"先入为主""用老眼光看新事物"就是一种心理定式。它可能使我们因某种"成见"而对新事物持保守态度。在审美态度方面，这一现象比较明显。除此以外，物的有用性，即功能方面，也可能会有"功能定式"，也就是对物的功能有固定的看法，影响了它在其他方面功能的发挥。而作为设计者，一旦排除这种定式的干扰，思想也会另辟蹊径，进入一个豁然开朗的境界。

二、收敛思维

收敛思维也称"聚敛思维"，是一种设计的深化、充实、完善的过程。虽然发射思维对智力充分开发，使人们能在极为广阔的空间里寻找解决问题的种种假设和方案，但同时，由于发射思维结果的不稳定性，如各种设想有合理的，也有不合理的；有正确的，也有荒谬的，所以必须依靠发射后的集中，即收敛思维的收敛性来筛选。

收敛思维是单向展开的思维，又称"求同思维、集中思维"，是针对问题探求一个正确答案的思维方式。从两种不同思维的比较中不难看出，发射思维所产生的各种设想，是收敛思维的基础，它是按照"发散→集中→再发散→再集中"的互相转化方式进行的。可以说，收敛思维的核心是选择。在服装设计中，当有了明确的创作意向之后，究竟以什么形式出现，采用什么形态组合，利用什么色彩搭配，以及面辅料的选择等具体问题，尚须一番认真地思索和探寻。如果说发射思维阶段表现了一个人的灵性和天赋的话，那么，设计的深入阶段，则是对设计者的艺术造诣、审美情趣、设计语言的组织能力、运用能力，及设计经验的检验。同样一个主题，一种意境，可以有着许许多多的表现形式，甚至可以说有多少人，就会有多少种方案，如图3-3、图3-4所示为两个不同的收敛思维过程。

图 3-3 收敛思维过程

在多种设想方案、设计草图中选择最优秀适宜者，是作为设计师都有过的经历。但是，这种选择并不是一味机械地肯定和否定，它与补充、修正相交叉。以香奈儿公司的首席设计师卡尔·拉格菲尔德为例，他设计的一款名为"冬夜"的礼裙，共花费了 850 个工时，从设计构思、定稿、制作，经过多道工序的修改、选择，以保证成品与设计师心目中的构思完全一致，甚至更好。

图 3-4 思维收敛过程

在毛衫设计中，常常出现好的立意和构思因得不到相应的表现而失败的创作。故而，收敛思维的训练是非常必要的。通过训练，可以掌握一些基本的思维方法，使设计构思达到最佳状态，使主题得以充分的表现。

三、侧向思维

侧向思维也可叫作"类比思考法"，就是在其他事物中寻求共同点，利用"局外"信息获得启示的过程。

侧向思维是设计灵感源于生活，表达生活体验和感受的一种思维方式。

例如一些"仿生"服装造型和一些以植物、动物、景物等自然形态或人为形态为主题的设计，采用的都是侧向思维。一些成熟的服装设计师，常常借助于作品表达自己对生活中某种事物的深刻感受或独特见解，或是他们的设计灵感就萌生于生活的启迪，如图3-5所示为侧向思维启示。

图3-5　侧向思维启示

在设计师当中，也不乏想用服装表现某一事物的人。然而，愿望归愿望，真正实施起来却不容易。因为，事物与服装各有所属，二者之间的联系并不是很直接的，必须是在掌握了一定的服装设计造型语言的基础上，具备一定的侧向思维能力，经过一番认真的观察、提炼、转化的再创造过程，才能设计出切合时尚、造型别致、形神兼备的服装。当然，这一再创造并不是凭空想象和生搬硬套，而是相互共性的沟通和发现，是形态特征、风格特色以及内在精神的感悟，才能使设计师产生了强烈的创作激情。

第三节　针织服装的设计灵感

灵感究竟是什么？虽然至今没有明确的定义，但在众多科学家的努力下已取得了明显一致的看法。我国著名科学家钱学森认为"灵感"实际上是潜思维，它无非是潜在意识的表现。潜意识是指未被意识到的本能、欲望和经验，它是一种客观存在的心理现象。笔者认为灵感是文学艺术和科学技术等创造性活动中，由于艰苦学习、长期实践、不断积累经验和知识，从而突然产生的兴奋的具有智力跃进的心理状态。换句话说，灵感是创造者达到创造力巨大高涨时所处的心理状态。服装设计者在长期潜心攻研某一设计课题的构思探索中，苦思冥想，夜不成寐，挥之不去，驱之不散，才下眉头，又上心头。这时，如果受到某种事物的启发，就会豁然开朗，思路畅通，从而使问题迎刃而解，即人们称之为"灵感来了"！

针织服装在服装领域中具有举足轻重的地位，当在设计一件针织服装作品时，要先寻找能带来创意的灵感，然后加以记录、整理，并结合当今流行色彩趋势和国际上主推的新型纱线，再将款式、色彩、面料以及结构、工艺互相协调，最终将设计意图用图纸表达出来。灵感是一种人们无法自控、创造力高度发挥的突发性思维，是创造过程中由于思想高度集中、情绪高涨、思维成熟而突发出来的创造能力。将灵感运用于针织服装设计中，能为针织服装带来更多的创意。

一、设计灵感的特征

（一）突发性

灵感总是突然出现在设计者的脑子里，突发性的背后带有某种必然性，当人们集中精力做某件事情时，对该事物的一切都会倾注大量心血，对所有与该事物有关的东西都若有所思，久而久之，会触类旁通，豁然开朗，因此，设计者刻意等待灵感的出现是不可取的。当看到某种针织组织花型的时候，有时候会突然联想到一系列的组织花型，而看到某款服装的时候又会联想到一系列的类似款式。

（二）增量性

刚开始接触针织服装设计时，设计者由于专业知识不足、经验不多，灵感出现的频率很低。随着经验和成果不断积累，熟悉电脑横机的编织原理以及工艺过程，掌握了针织技术后，灵感出现的频率会逐渐增加。长时间从事服装设计，获取灵感会变得轻易而频繁。

（三）短暂性

灵感是突然出现的，也是短暂的，常常是一闪即逝，在头脑中长时间保留清晰的灵感形象很困难。灵感毕竟属于设想中的东西，而非实物形态，形象的可感知性自然没有实物的可感知性强。倘若对出现的灵感不及时做好记录工作，很有可能再也想不起来当时的灵感内容。因此，及时做好灵感的记录工作是很有必要的。

（四）专注性

灵感的种类难以计数，是人们长期专注于某个事物而产生的思维结果。要敢于放弃，并且学会放弃，去芜存精，舍弃陈旧的观念束缚，寻找新的突破口和新的创意来设计出富有美学结构设计的针织服装。

二、获得灵感的方法

灵感的出现带有突发性和偶然性，捉摸不定，但灵感也带有专注性和增量性，因而具有某种必然性。如果只是消极漫想或是无奈等待，是无法产生灵感的，所以，设计师应该主动寻找设计灵感。寻找灵感时要带有一定的方向和范围，而不至于让自己的思维左冲右撞，摸不着头脑。只有清晰地理解设计指令以后，思维的触觉才能有意识地伸向这些灵感范围，比较快捷而有效地得到所需要的灵感。设计的灵感来源可以是大自然的色彩、自然界的动物、物体的结构、几何图案和文字笔画等，设计师要把这些元素合理地运，用到衣服上。

（一）善于观察与发现（基础）

灵感是记忆系统的瞬间激发，是大脑中原来储存信息与当前某种刺激突发联结的反映。它是长期观察、积累、思考和善于发现的结果。法国著名雕塑家罗丹说过："所谓大师，就是这样的人，他们用自己的眼睛去看别人没有看过的东西，在别人司空见惯的东西上能发现出美来。"

（二）长期思考与探索（条件）

设计师对自己的创作课题，要抱有强烈的攻坚欲望，下定决心，排除干扰，保持饱满的创造情绪，自觉地、有意识地、集中精力进行长时间的研究思考，使思想达到高度饱和的受激发状态，才能在头脑中产生下意识（即潜意识）的活动。没有酷爱思索的习惯，没有一个时时审视自然和现实生活的强烈的创作意识，是永远也找不到灵感的。

（三）确定题材与主题（关键）

题材是构成艺术作品的材料，即作品中具体描写的生活事件或生活现象。主题是艺术作品所表现的中心思想，也是作品的主导和灵魂。选好题材，明确主题，有目的地思考和专心创作，是获得灵感的关键。

（四）有效启示与刺激（助力）

灵感的产生常常与某些因素的启示和刺激有关。我国著名美学家、文艺理论家朱光潜说过"所谓灵感，就是埋伏的火药遇到导火线而突然爆发。"这点燃火药的导火线（或者火花）往往不是在"本专业领域"的范围内，而是从别的领域得到。灵感常常发生在紧张思考之余，突然使思想松弛之时。为了记住这突如其来的灵感火花，一是通过反复较长时间的强行记忆，二是手头准备纸笔随时记录。这两种方法对帮助捕捉灵感大有好处。

除了综合应用上述的四种思维方式外，现代针织服装设计构思，还要应用多维性思维。所谓多维性思维，就是立体性思维，是从上、下、左、右、前、后等不同角度空间，从正向、反向、纵向、横向和侧向等不同方向，多触角地探索纷繁复杂的世界。

三、设计灵感的应用

（一）形象感

有些灵感是具体事物的反映，有些则是抽象思维的结果，无论是具象还是抽象的灵感，在被设计师所利用时，都有形象感的问题。

其一要求灵感的形象感清晰可辨，这对具象灵感自然要容易一些，而对抽象灵感则要求其可感知性强，才能被利用，否则，过于抽象的纯理念灵感是无法用于设计形象的；其二要注意灵感形象的美与丑，这也反映出设计者对美与丑的鉴别能力和艺术趣味。生活中的美不等于艺术中的美，艺术中的美不等于服装中的美，如何将美的东西自然贴切地运用到服装中去，是设计者面对的主要难题。例如生活中一棵大树的年轮，可以利用纺织材料通过电脑横机组织变换的方式来表现，运用到唤醒人们保护环境意识的创意服装中去，自然就有了美的意义。生活中爬行的小虫通过用纺织材料羊毛和金属丝提花的方式表现在服装上呈现了艺术美，将蜂窝形状通过电脑组织集圈的方式织造成针织服装也深受广大消费者的喜爱。

（二）色彩感

色彩也是激发灵感的主要因素之一。在色谱中的色彩几乎都已在针织服装中出现过，但是，色彩组合却千变万化，从理论上来说，色彩组合是无限多的。色彩感还包括图案内容，图案缺少了色彩因素会黯淡无光，同样一组图案可以有成千上万种配色。色彩灵感的价值在于配色的新颖和配色的格调。单一色彩的使用往往已司空见惯，配色却由于色相、比例、位置、节奏等因素的不同而新意层出不穷。世界上没有难看的颜色，只有难看的搭配，做到配色新颖并不难，难的是配出想要的格调。用配色针织组织表达格调就是设计针织服装的一种典型的表现手法。

（三）趣味感

某些灵感来自结构设计和工艺设计方面。设计者在冥思苦想中，会找到解决问题的窍门，在织造和缝合实践中往往会得到灵感多视角地进行服装造型设计。选择结构与工艺方面的灵感要注意合乎服装特点的趣味性，这也是趣味性在服装上的具体表现。或巧妙或笨拙、或柔顺或生硬、或轻薄或厚重、或挺括或折皱，趣味性各不相同。造型和结构处理得好，不仅使服装情趣盎然，而且更有韵味。例如收褶、蓬松的廓型夸张的表面效果和立体效果，繁复的起皱，微妙的凸纹图案，夸大的双层体积感。

第四节 针织服装设计构思启示

针织服装设计不仅是一项技术性强的工作，还是一种充满挑战性、创造性的艺术活动，每个设计新款从设计构思到作品完成，都要经过设计者不断思考的创作过程。其中设计灵感的涌现与否更是设计者才华多寡的表现。如果设计作品中没有灵感体现，那作品只是照搬生硬的设计原理，失去了用灵感打动他人的设计元素。灵感是一种稍纵即逝的突发性思维，是人类无法控制的，可见灵感获得之不易。虽然如此，它又不是神秘不已、不可捉摸的现象，它往往是设计者对某个问题的实践与探索、不断积累经验使思维成熟后迸发的结果。与梭织服装相比，针织服装设计可以利用它自身织纹、色彩与肌理的丰富变化，在各种灵感的支撑下，使针织服装呈现精彩绝伦的非凡面貌。

一、姐妹艺术借鉴

所有的艺术都是相通的。绘画、雕塑摄影、音乐、舞蹈、戏剧、电影、诗歌、文学等姐妹艺术的设计是灵感的主要来源之一。设计的一半是艺术，而艺术之间有很多触类旁通之处。古今中外的姐妹艺术在很多方面都是相通的，不仅在题材上可以相互借鉴，在表现手法上也可以融会贯通。绘画中的线条与色块、雕塑中的主体与空间、摄影中的光影与色调、音乐中的旋律与和声、舞蹈中的节奏与动感、戏剧中的夸张与简约、诗歌中的呼应与意境都能为服装设计所利用，如根据大自然的万物引发设计出的针织服装的色彩实例；根据自然界形状设计出的针织组织实例等。

（一）美术启示

美术对针织服装设计的启示作用，是显而易见的。纵观中国的仕女画，总是绿纱迷影难见全貌，临窗拂镜不露全身，水袖团扇巧掩笑，湘箔拖裙隐绣鞋，朱唇未起秋波动，万种风情不言中。中国的山水画或花鸟画，都从不如实再现全景，而是云遮山，山掩水，树隐层楼檐角现，牛浴池塘身露半。这种含蓄深远、朦胧的中华民族神韵，表现在针织服装设计上更是妙趣横生，气象万千。例如唐代画家周肪的《簪花仕女图》取材于宫廷妇女生活，表现装饰华丽奢艳的仕女们在庭院中散步的情景。体态丰满的贵妇身着团花红裙，曼披透明罩衫，那白纱透红衫，似红非红，似白非白，白红渗透中时隐时现出丰满的身姿，柔美的曲线，更觉柔雅风韵。而现代的旗袍造型，立领、收腰，随着人体的起伏变化，形成含蓄流畅的自然线条；高开衩的衣摆，行进中时隐时现，给人以轻快活泼的动感美。

法国洛可可初期最有名气的女服——华托服，是宫廷画家华托作品中表现的服装样式。这种服装用图案华美的织锦缎制作，从后领窝处向下做出一排整齐规律的褶裥，向垂地的长裙摆处散开，使背后的裙裾蓬松，走路时徐徐飘动，明暗闪烁，又被称为"飞动的长袍"。法国设计师伊夫·圣·洛朗从荷兰抽象派画家蒙德里安的冷抽象画中得到启示，创作出别具风格的服装，那就是他于1965年推出的"蒙德里安"样式，针织短连衣裙上的黑色线和原色块的组合，以单纯、强烈的效果赢得好评，是针织服装与现代绘画巧妙结合的典范。

（二）音乐启示

音乐，是通过有组织的乐音所形成的艺术形象，来表达人们的思想感情、反映现实生活的一种时间艺术。服装设计，既是空间艺术也是时间艺术。音乐和服装之间的关系是息息相通的。英国文艺理论家沃尔特·佩特在他的名著

《文艺复兴论》中说："一切艺术，都倾向于音乐状态。"造型要素的反复构成节奏，节奏的反复构成韵律。例如服装线条形状的方圆、长短、曲直、正斜，色彩的浓淡、清浊、冷暖，面积的大小，质地的刚柔、粗细、强弱，感觉的动静、抑扬、进退、升沉等，组成一个多姿多彩的韵律世界。在运用音乐启示进行服装造型时，工作是寻找可视的形象来对应、诠释、升华相对抽象的音乐过程，融入自己对作品的理解，并通过它与穿着者及其观众取得交流。

（三）舞蹈启示

舞蹈是以经过提炼、组织和艺术加工的有节奏的人体动作为主要表现手法，表达人们的思想感情，反映社会生活的一种艺术。世界上许多民族都有各自的具有自己民族特色的舞蹈服装。例如汉族的秧歌舞、龙舞、高跷舞、狮子舞等；蒙古族的顶盅舞；维吾尔族的手鼓舞；苗族的芦笙舞；朝鲜族的长鼓舞；傣族的孔雀舞；土家族的摆手舞等，国外少数民族的舞蹈更是不胜枚举，各国各族各种舞蹈服装异彩纷呈，各有特色。舞蹈服装，是生活服装的升华，同时又是生活服装的先导。我们应当悉心地从中汲取有益的借鉴和启示，丰富现代的服装造型设计。

（四）文学启示

古今中外的文学作品，浩如烟海，有关服装的描写不胜枚举。例如屈原在他的《离骚》中描写自己："制芰荷以为衣兮，集芙蓉以为裳"。诗人以碧绿的荷叶为上衣，用洁白的荷花为下裳，造型天然而浪漫，色彩典雅而高洁；建安文学著名作家之一的曹植在他的《洛神赋》中写道："奇服旷世，骨像应图。披罗衣之璀璨兮，珥瑶碧之华琚。戴金翠之首饰，缀明珠以耀躯。践远游之文履，曳雾绡之轻裾。"这里显示出一个绮丽但绝不俗艳的女性服饰形象；盛唐时有一种袒领短襦半露胸式服装，其穿着效果为"粉胸半掩疑晴雪"（唐代诗人方干《赠美人四首》诗句），因为这种造型款式既能有效地表现当时以肥为美的体型时尚，又能弥补肥胖者颈短的缺陷，所以一经出现就广为流行，起先多为宫廷嫔妃、歌舞伎者所穿，很快就流传到民间；宋代的妇女服装，以腰身纤细为美，一般是上着襦衫，下着裙子，"耿耿素娥欲下，衣裳淡雅，看楚女纤腰一把。"（北宋婉约词人周邦彦《解语花·上元》），在众多的宋人诗词中以"石榴裙束纤腰裊"为典型。

文学言词的启示，必须通过联想和想象。由于文字表达的服装造型意境和

情调能唤起服装的美感，同样也可以给造型构思带来启示。

（五）影视启示

电影、电视都是综合艺术，有广泛的传播性。影视中优秀的服装设计，不仅可深化影视主题，而且有的还成了流行时装。特别是进入 20 世纪后，时装极大地受到影视的影响。影视中男、女主角的服装引起各国服装设计师的兴趣，成为影响时装变化的重要因素和服装设计构思的重要灵感来源。20 世纪30 年代，美国好莱坞著名电影服装设计师艾德里安，常年为女影星琼·克劳福德设计服装，他用垫宽肩部的办法，使琼·克劳福德过于丰满的臀部得到了平衡，而显得身材匀称、苗条。垫肩的妙用，立即被许多妇女仿效一直流行至今。又如 1983 年我国功夫片《少林寺》电影上映后，功夫衫和印有"少林寺"字样的汗衫因国内外游客的喜爱而风靡一时。而针织 T 恤的流行，则要归功于马龙·白兰度和他的《欲望号街车》。

（六）建筑学启示

从建筑的造型、结构以及对形式美法则的运用中触类旁通进行服装设计，也不乏先例。早在古希腊时期，他们的裹缠式服装"基同"就明显受古希腊各种柱式的影响；在 13 世纪，欧洲的妇女服装就吸收了哥特式建筑的立体造型，从而产生了立体服装；还有著名的高耸尖顶的"安妮"帽亦与哥特式建筑有异曲同工之妙；当代法国时装大师皮尔·卡丹的飞肩造型便是受中国古典建筑翘角飞檐的启示。

泱泱大国的古今世界建筑艺术，无论是传统的、还是现代的，是灰色派的、还是白色派的，或是近二十年崛起的新流派——光亮派等都为针织服装的构思带来了新的启示。

二、社会环境启示

社会环境的大变革将影响到服装领域，服装是社会的一面镜子，敏感的设计者会捕捉社会环境的变革，推出极为时尚的时装。人们生活在现实社会环境中，不可避免地受到社会动态的影响，设计者尤其更为敏感，例如在第二次世界大战结束之后，经济开始慢慢复苏，社会秩序相对稳定，人们的思想也相对开放，这一时期，战争时期的长裙慢慢减少，而超短裙开始大规模流行。另外，由于社会大环境下发生的事情经过传播，会成为公众关注的热点话题，影响广泛，因而巧妙地利用这一因素设计服装，容易让人产生共鸣，具有似曾相识的熟悉感，而大多数人在接受新事物时，具有从众心理，相反他们不容易接受完全陌生的东西，更容易接受在一定范围内被承认的东西。所以，当一种新的服装样式出现时，由于人们已了解其背景和内涵而会更容易接受一些，反之，则会有很强的排斥心理。

三、服饰借鉴

（一）民族服饰

世界各国有不同的民族，我国就有 56 个少数民族。由于民族习惯、审美心理的差异，造就了不同的服饰文化。如傣族袅娜的超短衫、简裙；景颇族热情的红织花裙；又如印度鲜艳的纱丽等，都异常谐调、优美，这些都为针织服装的设计提供了许多灵感。

我国服饰艺术有着悠久的历史和优秀的传统，素有"衣冠王国"之称。从古代服饰到现代服饰，从宫廷服饰到民间服饰，特别是 56 个民族丰富多彩的民族服饰，都是现代针织服装设计极好的启示。例如满族旗袍经过改良后，修长挺拔、轻盈婀娜，能忠实地烘托出人体的曲线美，已成为中外时装舞台竞相套用的流行样式；傣族花腰傣的左衽无袖齐腰短衫别具特色；白族、水族、景颇族的简裙的造型和配色是当今女裙常用的派路，尤其是简裙的横条图案宽窄搭配已成为西方鱼尾裙、花瓶裙、一步裙竞相效仿的图案；彝族妇女的三节彩色长裙、苗族的片裙、布依族的短裙及其蜡染技术和装饰工艺，已被国际服装界所共识。这一切，无疑对今天的服装造型及色彩配置会有极大的启迪，若吸收中华民族和世界各民族传统服装的精髓，并融入时代精神和各地区人们的习俗爱好，必能在国际服装大潮中创造出独树一帜的现代服装新流派。

（二）历史服装

历史服装资料是民族文化的一部分，由于其在服装设计中的特殊地位，对当代服装设计产生特殊的影响，可将它单独作为设计的灵感来源。由于以前的生产力水平有限，能够流传至今的历史服装实物资料不多，而能够留下的实物却是较有代表性的，已经受过当时的社会淘汰、筛选，因此也是极其珍贵的。纵观中西方历史服装资料，尤其是近代以来服装实物，积累了前人丰富实践经验和审美趣味，有许多值得借鉴地方，一种针法、一个绣花、一种图案、一条缝线、一对盘扣、一个领型等，都可以使之变成符合现代审美要求的原始材料。

如何利用历史服装既定风格来激发设计灵感，才是最能体现历史服装的价值之处。在造型上过于接近历史服装会有复制古装之嫌，而历史文化积淀下来的服装风格，配合现代服装设计手法，能够在继承中创新。在针织服装设计中的怀古情调，便是在历史服装中寻找灵感实例。

四、日常生活启示

日常生活的内容包罗万象，只有热爱生活、懂得生活的人，才能真正品味人生。在日常生活中，能够触动灵感神经的东西可谓无处不在，关键在于设计者能否及时发现和善于发现。及时发现有等待、被动的意味，善于发现有寻找、主动的意味，设计者应该是心理状态良好和感觉神经敏锐的人，才能及时捕捉到生活周围任何一个灵感的闪光点，否则只能让这些闪光点悄悄溜走。

在衣食住行中，在社交礼仪中，在工作过程中，在休闲消遣中，一个小玩意儿、一个小动作、一句话语、一幅场景、一种姿态都可能有值得利用的地方，欣赏一道甜品、折叠一块餐巾或是摆放一束鲜花，都是一次发现美的体验。所以，灵感不是陌生的，它就像机会一样，伴随在日常生活中和生命旅途中，它对每个人都是公平的，也是稍纵即逝的，它会更多地光临那些欢迎它的人和有准备的人，同时也会更多地青睐那些知识渊博、文化底蕴深厚、具有很高的专业知识和很好的心理素质的设计者。

五、自然环境启示

大自然无处不蕴藏着美，一块石头、一朵花、一片云都会给针织服装的设计带来灵感。天上的日月、星辰、云雾、雨雪、闪电，地上的山水、花木、人物、鸟兽、鱼虫，从宏观宇宙到微观原子，万物之体各有其形，万类之形各有其象。譬如，雪花的基本构造几乎都是六角形，但仔细观察却没有一个是同样的；波涛拍岸有节奏地往返运动，但每次都以不同的形式和力量冲击……古今中外，许多艺术家、设计家长期致力于对自然现象的观察和研究，探索着从自然界中汲取信息和美的规律，为自己的创作灵感寻找有益的启示。

服装，从一开始就是经过人们选择的大自然的一部分，服装的款型、色彩、材料无不出于大自然。服装款型，一般都是人们感知大自然中各种优美的形象在服装上的反映。如香蕉领、花蕾袖等是受自然界中植物形态的启示而设计的；蝴蝶领、蝙蝠袖等是受自然中动物形象的启示而设计的。这些仿生服装造型，以其生动的形象来寄托某种意念、理想、希望、情趣，为服装造型的多样化丰富了思路。仿生设计即以此为原理进行设计，如西方 18 世纪的燕尾服，我国清代的马蹄袖，以及现代的鸭舌帽、蝙蝠衫等皆是仿生设计的经典实例。

在针织服装的发展过程中，时机成熟时，一种灵感可以引领潮流；反之，灵感的启示会受到流行风潮的影响。而流行是在特定的文化条件下，在一定的时空范围内为人们广泛采用的一种非常规的行为特征。服装流行意味着人们服饰审美心理和审美标准的变化，反映了在不同时代背景下，人们的个性表现与社会规范之间的平衡和协调。因此，服装流行体现了整个时代的精神风貌，它与社会的变革、经济的发展、人们的文化水准、消费心理的状况以及自然环境和气候的影响紧密相连。因此，作为针织服装设计者，应具备对影响服装流行因素的敏锐观察及分析能力，才能准确地抓住灵感并加以应用，创造出新的优秀样式，使之流行。

六、文化发展、科技革命冲击

在社会大文化背景下所产生的新事物往往能左右服装流行的风潮，"生命在于运动"的观念为大众所接受，使运动服装风行于世；在回归大自然、追求环保的主流风潮影响下，休闲服装成为服装界的新宠。服装的发展，离不开科学技术的进步，层出不穷的新材料、新技术、新工艺以及地域间频繁的信息交流，促进了服装的新形式、新风格的日新月异。

进入 20 世纪 90 年代以来，高科技面料无处不见，色彩艳丽。有塑料、橡胶质感或金属反光的面料，尤其是银色反光的面料极为时尚。意大利时装设计师詹尼·韦尔萨切解释说，那种极富"科技性感"的乙烯面料，实际上是富有光泽的丝绸。运用科学技术知识来启示服装设计构思，往往会突破常见格局而独树一帜。例如法国成衣设计师库雷热热衷于迷你裙的设计，1964 年他用当代科技新材料—白色乙烯合成树脂设计的登月太空系列服装，曾被报界称作"迷你炸弹"。另一位法国时装设计师帕克·拉邦纳利用塑料、金银箔等材料，设计出具有非洲艺术风格的礼服，体现了非洲艺术与现代艺术以及现代科技的交融。

服装设计集科学创造与艺术创作于一体，二者在相互依存和相互影响中取得充分的统一。针织服装设计，可以用一切科学知识去想象，从而得到启示。例如，运用力学机械运动规律形成的线形轨迹；光学原理产生的光效应、色感、视错觉、幻觉；解剖学的纵横斜剖析及肢解；生态学的移花接木嫁接与杂交组合；仿生学的拟人、拟物等构成的新形象。

21世纪是高科技、信息化和知识经济的时代。随着科技的进步，科学技术越来越多地与服装工业相结合。例如服装 CAD（计算机辅助服装设计）的普遍运用，可以帮助设计者任意进行服装的造型和款式设计，制板、推板的组合与修改，色彩的选配与面料图案的设计，并能将设计的结果记忆、存储及印刷出来，从而实现了各式各样的构思。此外，服装与因特网的结合，使得广大设计者可以在世界范围内服饰网中查阅各种服装作品展示和时装表演信息，从而使设计者及时了解流行信息，并作出反应。

以上主要介绍了一些设计灵感的来源启示，好的设计构思的共同点都是通过观察和体验生活，在生活中萌生创作的意念和灵感。由此可见，生活才是服装创作取之不尽的源泉。当然，来源于生活的创作，首先要掌握服装设计的一些基本原理，具有运用点、线、面、色彩和面料的能力，才能做到这一点。这就如同写文章先要掌握词汇一样，必须掌握一定的设计语言，才能表达自己服装设计的思想。

第五节　针织服装设计领域现状

一、西方针织服装设计领域现状

西方的针织服装产业在经历了长期发展后，早已形成一套完整的产业体系。针织设计方面的发展相对成熟，产生了像 Missoni、Sonia Rykiel 等一批具有国际影响力的针织品牌。继生产批量化和品种多样化的横向发展后，针织服装产业转向纵深发展，设计师的重点放在如何深入挖掘针织制品的内在潜力上。同时，技术和工艺的进步促进针织服装设计手法多样化，针织服装的技术含量和设计含量也越来越高。这些进步主要体现在以下几个方面。

（一）纱线创新

针织服装的编结是由线至面的过程，线作为针织的初始状态，塑造无限变化的可能。纱线的创新主要包括成分创新和外观创新两种途径。成分创新是指在原有纱线中加入其它成分，交织或从新的物质中提取纤维纺成坯纱。例如牛奶纤维、竹纤维、超细纤维、阻燃纤维、碳纤维、Model 纤维等。其中，莫代尔纤维是近年应用最为广泛的新型环保纤维之一，原料采用欧洲的榉木。它集棉的舒适性、粘胶的悬垂性、涤纶的强度、真丝的手感于一体。创新型纤维与其它纤维交织，综合各种纤维特性，经过合理的配比，织造出新的织物，完善了穿着功能。例如环保针织面料竹炭纤维与棉、Model 等混纺，可以增加织物的柔软性能和弹性；可再生绿色纤维 Lyocell、天丝与氨纶交织的针织平针组织，具有丝绸的外观，悬垂性、透气性和水洗稳定性良好，是设计紧身时装、休闲装、运动装的理想高档面料。

此外，各种花式纱线也丰富了针织服装的创作语言。近年"粗犷"风格的针织外观十分流行。结构疏松、纱支粗的材质，如结子纱、圈圈绒、疙瘩纱等，由于具有艺术化的格调，成为设计师的新宠。将粗细不同成分各异的纱线以多种方式编织，颜色或同或异，视觉效果极为丰富；上等小山羊毛和超细羊绒中加入金属纱；安哥拉山羊毛、羊绒、羊驼毛等昂贵材质混纺；亚麻和羊毛混纺的绒毛效果等。

随着纱线品种的不断开发，纱线本身具有越来越丰富的表情奢华、温暖、细腻、粗犷、保护感、未来感……纱线的创新使得针织服装的设计手法得到了延展。在实际的设计过程中，将纱线的功能和外观紧密结合进行针织设计，拓宽了设计师的创新思路。

（二）织片外观的改变

织片是指由线圈编织而成的针织片，它是介于纱线和成衣之间的状态。以往针织服装的设计重点主要放在纱线成分和针法变化上，这里引出一个新的设计理念——将织片作为梭织面料来处理。针对织片特性，改变其结构及物理状态，是近年最炙手可热的针织服装设计方法之一。如运用马海毛压皱涂蜡的方法，使服装表面形成类似蜡块龟裂的效果图，另外还将马海毛高温拉绒后模拟皮草；运用反底印工艺，在服装反面印制清晰的图案，通过不完全渗透的方法在服装正面形成一种斑驳的艺术味道；烂花也是改变织片外观的途径之一，类似真丝烂花面料的工艺原理，被腐蚀的部分轻薄透光与周围部分形成层次对比，织片呈现轻透、飘逸的效果。强缩绒的制作原理是利用药剂将原来的织片组织变得紧密，最终呈现梭织外观。此外，扎染也是较为常用的手法。设计师将针织领部手工扎紧后进行反底印，印染完成后并没有拆线，保留了独特的手工味道。

（三）打破针梭界限

针织与梭织服装界限的突破主要体现在材质的混合运用与结构与制作工艺的通用。在流行多种材质搭配的今天，很难再界定一件服装究竟是针织服装还是梭织服装。针织与梭织服装的界限日益模糊，混合面料服装的流行打破了非针即梭的传统分类。超凡的水洗工艺以及后整理工艺，如绒类处理、磨毛轧光、丝光烧毛纱、涂层热复合、陶瓷涂层等基本解决了不同面料的缩率差异和多样的外观处理，为材质的自由组合铺平了道路。如运用大量横机单平针织拼接电力纺，两种材质相得益彰，突出这一品牌活泼亮丽的少女定位。材质的无界打破了有限的设计思维模式，许多看似冲突的材质在经过一定处理后搭配使用便会产生全新的视觉效果，使针织服装从单一的针法变化中解放出来。

此外，梭织服装的部分结构与制作工艺也同样适用于横机针织服装。这种设计方法打破了针织服装设计观念上的束缚，横机织片也可以同梭织面料一样被裁剪、拷边、缝合，并且也能借助梭织的结构变化调整内外空间，而不仅仅依赖弹性包裹人体。在当代设计师的手中，结合梭织工艺的针织服装创作散发着独特魅力。如运用织片裁剪拷边的工艺，将边缘向外裸露缝合，突出服装的结构感；借用梭织面料的立裁方法，改变针织的传统结构和廓型，进一步打破了针梭界限。

（四）手工艺与新创意

当今，人们对手工艺制品的热忱并没有随着时间而消逝。因此针织的手工艺特性决定了其艺术价值和市场价值。第一，针织的手工艺特性本身就是品质的代表，昂贵的纱线，复杂的工艺加上创新的设计；第二，这种由线开始的创造具有绝对的实验性和原创性。这是针织制品获得设计师和消费者追捧的重要原因。

曾在高田贤三和迪奥担任过针织设计师的亚当·琼斯表示"就编织本身而言，最富有创意的概念莫过于你可以自己创造整块面料，同样也可以在编织中加入各种困难而复杂的手工制作元素，例如勾花、网格，还可以将织物与毛皮等其他面料完美结合在一起。全手工和半工业机器常被用于设计师们的工作室中，创造出适合于工业生产的产品。手工艺加新创意，是奢侈品设计师最为青睐的组合之一。创造性的设计经由精美绝伦的手工艺表现，加之好的材料和技术支持，一件高级成衣的成功便有了保证。

（五）复合型装饰手法

复合型装饰手法是指多种装饰手法按照一定方式组合，形成某种整体效果或风格的设计方法。如果说材质的突破将针织制品带入了一个更为广阔的领域，那么针织服装装饰手法的多元与复合更将其推向了一个新的高度，甚至在某种程度上超越了梭织。时代的发展使得针织可以与梭织一起共享所有的技术成果：扎染、吊染、烂花、丝网、喷绘、水洗、植绒……再加上钉镶、拼贴、刺绣等传统工艺，可供选择的装饰方法很多。如今，只运用单一的设计手法已经略显单调，针织服装的装饰手法不再限于传统的钩编，嵌珠或刺绣，而是对多种元素和工艺的整合运用。设计师们选择 2 种或更多装饰途径，以全新的方式组合起来，使服装呈现出丰富新颖的视觉效果。从阿莲娜·阿赫玛杜琳娜的一件作品中可以看到多种装饰手法：皮草与针织的组合拼贴、珠绣、钩编。当这些常见的装饰手法以一定形式组合，立刻产生了新意。复合型装饰手法的应用，使各种材质，手法自由组合，设计途径大大增多，促使针织服装的款式得以不断推陈出新。

（六）电脑横机的色彩表现

针织服装的色彩表现主要通过织花和印染两大途径。而电脑横机所表现图案的真实感和立体感是印花织片所无法比拟的。从针织服装的编织工艺和机器构造我们可以知道，针织的肌理变化是以横向的"排"和纵向的"列"为单位的。从线、线圈到衣片是一整个编结过程，因此适合表现具有大面积色彩分割的抽象图案，包括条纹、菱形格、欧普图案和提花图案等。由于电脑横机可以快速表现复杂的色彩和花型，因此非常适合大工业生产。

许多西方针织品牌大量使用这一手法。此外，有线圈的叠加就会产生凹凸层次。无论是单平、双反、罗纹，还是抽条、鱼鳞……每种针法都会产生不同的层次和节奏。将色彩表现结合针法变化，能够产生更加丰富的视觉效果。意大利的著名针织品牌米索尼以其独树一帜的线条和色彩而闻名，纹样主要以条纹为主，包括海军条纹、几何条纹、锯齿形条纹、具有视幻效果的三维条纹等等。条纹本身的变化基于规则的线和面，排列有序，因此其产品多以电脑横机织造，结合色彩表现，变化十分丰富。

二、中国针织服装设计领域现状

针织这一古老而全新的产品值得从文化艺术的角度重新去审视。所谓古老是因为中国早在 2000 年前就已经发明手编针织技术，所谓全新是指针织服装现代大工业生产起步较晚。在解放前五十多年中，针织工业发展较为缓慢，解放后，针织品种逐步完善。而以电脑横机为代表的先进设备在近年才开始普及。现在，中国逐渐发展成为针织加工大国，针织服装的出口总额占服装出口总额的近 50%。

从国内的现状来看，呈现明显的参照西方设计与生产的模式，并且整体针织设计水平还有待提高。导致这一现象的原因主要有两方面：第一，以西方为中心的针织技术研发与时尚资讯发布，限制了国内针织产业的研发与设计能力。众所周知，针织的现代工业生产方式最初是从西方导入的，也同时输入了西方的设备，例如 Stoll、Steiger 电脑横机。虽也有国产电脑横机，但程序和操作方法大多模仿西方的设备，且稳定性不高；第二，中国的针织企业多以密集型加工为主，大量国外加工订单导致企业自主研发精力受到牵制。享有盛誉的国外针织流行展会例如意大利米兰针织服装博览会，法国针织服装展览会等，向全世界传播以西方为主导的设计理念，国内的成衣品牌设计师大多参照西方的流行资讯。虽然国内一些品牌立足本土文化进行了一些针织设计的尝试，例如"鱼""例外"等，但仅限于个别单品或某一季的单个系列，不具备典型性与系列完整性。

可见，国内针织服装设计领域还存在很大的上升空间。虽然中国制造遍天下，但能真正体现中国特色的针织服装设计却较为稀缺。基于此，中国的针织服装设计必须创新，走出自己的特色，从中国制造逐渐转变为中国设计。

第四章 针织服装的设计表达

第一节 针织服装设计表达的特点与技法

一、针织服装设计表达特点

针织服装设计表达所采用的设计效果图及时装画是一种特殊的绘画形式，它不同于一般的人物绘画。其主要目的是表达针织服装设计而非表现刻画的人物，它是站在服装的角度，运用绘画技巧，综合性地表现人与服装的搭配关系，以点、线、面、体、空间、色彩、质地等来充分表现服装设计意图的绘画形式，是在充分表达了设计意图的基础上，再进一步将艺术的表现力、感染力注入其中从而达到其表现目的的特殊画种。所有的手段都是为了更好地表达出针织服装独特的魅力。

首先了解一下什么是时装画，什么是服装效果图。时装画是以时装为表现主体，展示人体着装后的效果、气氛，并具有一定艺术性、工艺技术性的一种特殊形式的画种。而服装效果图是对时装设计产品较为具体的预视，它将所设计的时装，按照设计构思，形象、生动、真实地绘制出来。两者都是服装设计的基础，是衔接服装设计师与工艺师、消费者的桥梁。时装画较服装效果图更具有绘画性及感染力，也更加夸张写意、传神入化地表现设计师的情感及意图。而设计效果图则相对的要写实，更加具体化、细节化。下面以针织毛衫为例对针织服装设计表达的特点进行介绍。

（一）突出主题，侧重细节

服装效果图顾名思义主体是服装，如果是设计一件针织毛衣，那下装（裤子、裙子）和配饰可以简略，重点突出毛衣。服装效果图主要目的是为了指导制作，因此针织毛衫的效果图，细节表现要放在首要地位。具体来说，一些局部的组织结构、袖子和衣身的收针花、领口、袖口、下摆的罗纹等，必须清楚地、按比例地表达。这些细部对毛衫的工艺设计都有很重要的指导作用。

（二）结构明了，色彩鲜明

针织毛衫与其他服装的重要区别之一是色彩丰富、颜色鲜艳，这是由于它本身的纱线的特性所决定的，所以在画图时要特别突出这一特性。一般来说，在画针织毛衫的效果图时，应用色明确单纯、清爽饱和，视觉效果明朗。为了表现设计主题及渲染服装的着装氛围，在构图上要复杂而且多变，同时结构要清晰明了。结构清晰的效果图能够很好地集中他人的注意力，使之将重点放在服装设计的表现之上。

（三）构图简洁，画面完整

由于时装画及服装效果图以表现服装设计意图为目的，不以人物的内心刻画及渲染为主，所以将着眼点放在了服装与人物的关系之上。因此单纯简洁的构图形式是时装画及服装效果图最重要的特征之一。根据针织毛衫的设计主题来设计构图，一般在画面组合上会出现几个人或双人的组合形式，也有单人的形式，并且会运用一定的场景、道具等来衬托人物及服装而达到强烈的表现目的。如果是秋冬装毛衫，那么就会选择一些温暖的场景，人物和背景融合在一起使画面完整，但要注意的是背景不要太花，不然会喧宾夺主。

二、针织服装设计表达技法

（一）钢笔画技法

这里所指的钢笔也包括针管笔，通过不同型号的笔来表现针织服装的款式图、结构图。这种技法的特点是笔触均匀，线条清晰，而且使用方便。特别是勾画一些细节部分很方便，同时也是表现钩针织物的理想选择。由于这种技法颜色比较单一，所以可以通过实线、虚线、点三者交叉使用，使画面有虚实感，同时也可以产生黑、白、灰不同的色调。

（二）彩铅画技法

用彩铅作图对纸张的要求较高，要选用表面粗糙的纸，这样才能出效果，而表面光滑的纸不易上色。这种方法一般先用彩笔勾勒出针织服装的基本轮廓及大概的针法结构，再用其他工具描绘细节、施加明暗，平涂与勾线相结合。彩笔加油画棒适合描绘粗犷的针织外套及花纹交织针织服装。

（三）水粉画技法

水粉是表现针织服装效果图最重要、也是最常用的表达手法，效果层次也更为丰富。水粉画利用水粉色厚重浓艳的色彩效果，或进行平涂渲染、或点缀勾勒以表现针织外套及其他花纹交织的针织服装。另外，水粉颜料具有很强的遮盖力，即使画坏了也能够及时修改，而且即可厚涂又可薄绘，能够很好地表现厚质感或特殊质感的针织效果，同时那丰富多变的装饰效果又具有极强感染力和表现力。

在使用水粉画技法时，通常有三种表现方式。

其一为明暗表现法。通过类似于素描的明暗关系，用色彩来表现服装的美感。

其二为平涂勾线法。这是表现针织毛衫，最方便、表现力最强的画法。先用色彩均匀的平涂，再用钢笔或毛笔进行勾线。

其三为平涂留白法。在用色彩填色时，故意把一些衣纹、褶皱留白，再进行细部纹理组织的刻画，效果简洁干净。

（四）水彩画技法

水彩画技法是一种较为写实的手法，根据水彩颜料特点可以分为湿画法和干画法两种，如果两种方法结合在一起使用，更能达到良好的表现效果。利用水彩色透明晶莹的色彩特点，用平涂、晕染的方法绘制出针织内衣及平纹毛衫细腻柔滑的材质效果。另外，在作图时，要注意水彩的掌握，以免使画面看起来很脏。

（五）色粉画技法

色粉画技法在针织毛衫的设计图中被广泛运用，色粉笔特别能表现毛衣松软、蓬松的风格。同时可以选择一些不同颜色、不同材质的纸张（如彩色卡纸等）配合色粉笔作图，效果更为明显。完成效果图时，千万要记住喷一层胶，这样才不易掉色。

（六）马克笔画技法

马克笔又称记号笔，使用方便，笔调干净利落。马克笔有油性麦克笔和水性马克笔两种，笔头的形状也有尖头和斧头两种。当绘制针织服装效果图时，一般采用水性麦克笔，其颜色透明，使用方便。特别是在绘制一些条纹毛衫、拼色毛衫时，能够发挥其长处，获得理想的效果。在针织毛衫中常见的菱形格、千鸟格图案，马克笔也能表现得淋漓尽致。

（七）剪贴画技法

这是一种很有趣味性的绘图方法，利用各种图片、画报等材料，来表现针织服装的质感，有时常常会有意想不到的效果。可以找一些组织结构直接贴到服装上，还可以找一些类似感觉的图片进行不同的组合再粘贴。剪贴画技法通常会和其他手法相结合使用，如先贴，后用钢笔、彩铅勾线或者留白。

（八）电脑画技法

时代在进步，社会在发展，电脑已经是各行各业必不可少的工具。在针织服装设计中还可以借助一些电脑平面设计的软件，如 Photoshop、CorelDraw 等，可表现出手绘所不能达到的效果，同时也节约了大量时间。

电脑画技法基本上分为三种。

第一，直接在电脑里，完全用鼠标绘图。

第二，先勾勒出外轮廓，再扫描入电脑，进行填色加工处理。

第三，用一些现成的图或者照片，在电脑中进行颜色、款式等修改，变成另外一款设计，也可以直接找一些特殊的组织结构图进行面料填充。

针织服装的设计不仅可以通过以上的方法来表达，还可尝试一些非常规的表达方法，两种或多种方法相结合必能寻找到自己的设计风格。

第二节 针织服装设计表达的分类及作用

一、针织服装设计表达分类

（一）草图

草图是记录设计思想，将瞬间而过的设计灵感加以形象化的简易图。由于草图简便易行、省事省力，因此在设计的过程中从收集资料到设计的最终完成，自始至终设计师都离不开草图。设计师用草图记录可用资料、凝固瞬间即逝的设计灵感；借助草图勾画初步设想、推敲设计方案等。一般来说，草图只用单色线条完成，也有用彩色笔绘制草图来完成工作的。

在设计过程中，设计师要绘制大量的草图以便用于挑选。设计师将自己头脑中涌现出来的大量设计想法，以草图的形式表现在纸面上，经过深思熟虑的加工后再固定下来，形成最终想要的设计形式。鉴于以上原因，草图的画法会因人而异，自我成章。

（二）工艺意匠图

工艺意匠图包含两个方面的意思，其一是指为表现设计概念而作的意匠图。这是指每一季推出新概念、新企划之前，在决定具体的造型时所作的传达设计概念的时装画，也就是说是写意性的、没有具体细节及内容的在发布之前所作的时装画；其二是指为了实现设计意图、完成设计效果而作的工艺意匠图。

工艺意匠图是指表现针织工艺结构及针法的十分具体的工艺图，如图4-1所示。这种图会因不同的单位或场合，根据具体的生产条件及生产水平来加以绘制。有些单位或部门由设计师亲自绘制完成，有些单位或部门由设计师画出大体的意匠图再委托工艺师根据具体情况精心绘制完成。

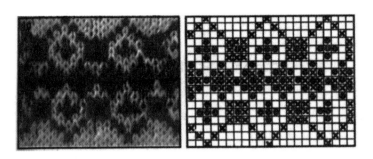

图 4-1 工艺意匠图

（三）设计效果图

设计效果图是为表现设计构思而绘制的正式图。设计效果图应该造型优美、色彩和谐、比例严谨、结构清晰，材料质感明朗准确，并经过反复推敲、完整搭配后形成最终的全面表现设计的正式效果图。设计图在服装公司的产品开发中，作为公司的产品样本，多用于打样指导及生产加工的范本，是设计师表达设计意图的专业语言，是设计师必须牢牢掌握的专业技能。

（四）款式图

款式图主要是表现针织服装实际款式结构的线描图。款式图为了表现服装结构又分为正、反、侧三种。正面款式图要充分地表现服装的领型、肩与袖的结构关系、前门襟的造型、腰身及整体造型；反面款式图主要表现服装后背的造型及背面的其他设计变化；而侧面款式图则主要表现衣身前后的造型关系，交代前后结构的转折关系以及衣身的穿着。款式图可以是彩色的，也可以是黑白的、不着色的。款式图是加工生产过程中重要的示意图，也是设计效果图重要的补充部分，由于款式图十分具体地表现了设计的细节，所以是不容忽视的一部分。在有些服装企业中有时设计人员会省略设计效果图，但无论如何不能缺少服装款式图。

二、针织服装设计表达作用

（一）色彩设计表达

色彩与色彩搭配原理共同构成了针织服装设计的基础，不仅能给人们带来强烈的视觉冲击，同时也是服装设计的灵魂。可以说，色彩运用对于服装设计具有不可替代的作用。

1. 色彩设计表达作用

（1）彰显魅力

现代针织服装设计在注重服装质量的同时更加注重服装的外观，而色彩可以起到很好的外观修饰作用，例如黑色针织服饰可以使人看起来身形纤细，肤色白皙，透出沉稳之感；红色、黄色等亮色服饰可以增添人的活力感，设计者往往高度重视服装的修饰作用，针对不同年龄的人，合理地进行色彩运用，可以起到修饰体型、映衬肤色、提升气质的作用，还能够彰显穿着者的个人魅力。

（2）展现商业价值

随着人们审美需求的增加，现在服装设计十分广泛，为了保持针织服装的光环，需要提高针织服装的附加值，以此来展现其商业价值。在针织服装设计中合理地进行色彩运用能够有效地展现服装商业价值，是刺激人们消费欲望的最佳要素。色彩作为影响针织服装销售的主要因素之一，只要在色彩设计方面增加少量的投入，就可以帮助针织服装产品提高一定的附加值，因此，针织服装设计要充分发挥色彩运用低成本高收益的优点。

（3）传达设计者情感

强烈的色彩会使人产生强烈的视觉冲击，一件服装只有搭配适合的色彩才能加深人们对服装的印象。人们对服装的第一印象主要来源于色彩，色彩运用是设计师联系消费者的纽带，以色彩为载体将设计师的情感传达给消费者，可以增加消费者对于针织产品的关注度。

2. 色彩设计注意的问题

色彩设计表达效果是针织服装设计质量的衡量标准之一，正是由于色彩运用对服装设计十分重要，因此更加不能盲目地运用色彩，在针织服装设计过程中进行色彩运用的同时也要注意几个问题。

其一，色彩运用应该立足实际并与时俱进。众所周知，针织服装设计应该与时俱进，色彩运用也是如此，要准确把握时代特点，通过色彩运用使服装更具时代感，还要充分考虑到不同人群的接受心理和审美趣味，毕竟不同的人对色彩的选择存在很大差异，这涉及穿着者的年龄、体态、肤色等因素，设计者要考虑到穿着者的好恶，充分考虑到以上因素，成功的色彩配置不仅要进行色彩创新，还要结合服装的面料、文化、剪裁等元素，只有这些元素达到和谐统一的状态，才会使针织服装更具备魅力，设计时应当结合时代特点运用色彩，真正发挥色彩修饰服装外观、增强服装艺术性、凸显人的气质的作用。需要注意的是，考虑地区差异也是色彩运用需要遵循的原则，不同区域的人对色彩的喜好也不一样，北方人大多偏爱较热烈的色彩，而南方人大多偏爱较素净的色彩。

其二，在针织服装设计中进行色彩运用要确保服装的艺术效果，通过重点配色对服装起到"画龙点睛"的作用。此外，近几年来"中国风"服装的流行也给了我们针织服装行业一定的启示，这就要求针织服装设计要注重服装内涵，杜绝服装设计的"复制"现象，避免服装设计与色彩运用进入单纯模仿的状态，设计者可以在针织服装设计中融入中国元素和中国符号，不断创新，综合民族艺术元素，设计具有中国特色的服装，中国风永远不会过时，将永远引领时尚。

（二）服装设计中"线"的设计表达

1. 外轮廓线

虽然服装轮廓在不同历史时期呈现多重形态，但是轮廓的千变万化离不开人体，人体始终是服装轮廓变化的基准，服装轮廓主要通过肩部、腰部、臀部的关键部位变化来实现。肩部至腰部再到臀部如梯形一般展开，形成不收腰、宽下摆的服装轮廓称为 A 型，它具有活泼可爱、浪漫的性格；肩部到臀部成为长方形的直筒造型，忽略腰部曲线的轮廓称为 H 型，它显得身材修长，而具有庄重、严谨的感觉；服装轮廓放松肩部和臀部，强调腰部曲线的造型称为 X 型，它是最能体现女性柔美感觉的服装轮廓，在优雅中带着俏皮。除此之外根据肩部、腰部和臀部的变化演变而来的服装轮廓还有 Y 型、T 型、X 型、O 型，他们分别都带着与众不同的个性和气质。

2. 服装结构线

服装结构是支撑服装轮廓的基础，也是服装工艺存在和变化的依据。它在服装设计中具有承上启下的作用。人体是三维立体造型，面料是二维平面构成，服装结构的作用就是把平面的面料转化为符合人体工程结构的服装。

服装结构衍生了服装结构线，服装结构是服装结构线存在的基础，是引起服装结构造型变化的服装内外部线的总称。如服装的省道线、分割线等。服装结构的主要作用是处理人体高低起伏的围度之间的落差，使服装不仅具有立体造型更加合体，也增强服装的美感。

从人体结构来看，身体的起伏落差可以分为两种：凸点落差和凸面落差。服装结构的作用就是将因落差出现的余量收掉。例如通常会用胸部收省的办法处理胸凸点与下胸围之间的落差。结构线就是在处理落差余量时形成的线迹。结构线设计在针织服装表达中主要体现两方面作用，其一为由于对落差余量的分割或缝合会在衣物表面形成线的轨迹，所以结构线在服装中影响视觉审美，结构的合理布局形成的结构线，具有一定的"线"的装饰作用。其二为形成结构线的服装结构满足了人体对服装舒适性和合体性的需要，如公主线等的运用。

3. 服装装饰线

装饰是对生活用品或环境进行艺术加工的手法，是人们追求美的体现。在人类文明和社会发展的同时，人对于自身个体意识的宣扬与尊重，都要通过装饰来得到补偿和满足。装饰是人类历史上出现最早的艺术形式，它具有大众性和普遍性。早在原始社会，人类祖先就用兽骨、象牙、羽毛等来装束自己。装饰的发展证明了文化的繁荣，人类的文化意识推动了装饰的进步。它加强客体的审美效果和经济价值。在装饰的门类中，服装装饰主要通过不同的装饰手法和材质对服装进行美化，在原始社会的围裹、披挂式服装产生时，自然的褶皱、固定的绳索、不规则的下摆都形成了最初自然形态的装饰线。

我国针织服装装饰手法有镶边、嵌条、刺绣等。这些在衣物面料表面进行的装饰手法都属于平面装饰线装饰，镶边、嵌条通常用在领口、袖口和边摆的边缘线装饰上，运用宽窄不一或不同色彩图案的嵌条给简洁的服装造型带来丰富的线条流畅的装饰变化，而刺绣工艺使朴素的服装面料显得更加美轮美奂。通过镶边、嵌条、刺绣等线状的材料经过工艺加工在衣物表面形成流畅的线装饰，强调"线"的美化作用。

在现在的针织服装装饰中，平面装饰线如镶边多用在针织内衣、居家服上。而镶边的材料已千变万化，各种用于镶边的织带层出不穷，有丝光织带、印花织带、绣花织带，并且近几年蕾丝边的织带也为女装增强了女性的浪漫与柔美。织带的丰富为服装装饰线装饰提供了无限可能。

（三）图案设计表达

图案属于美术学科，是一种视觉性极强的装饰性艺术，具有装饰功能和使用性，运用在针织服装设计上是图案这种美术形式的完美展现。可以说，图案是自然界浓缩的精华，智慧的结晶，图案包含了丰富的色彩，独特的造型，给人强烈的视觉冲击，充分展现艺术的魅力，最终以服装设计为载体，展现在人们的面前。服饰图案设计除了展现独特的个性，还在一定程度上展现了民族特点和地方特色，具有一定的社会属性，可以鲜明地体现人们的时尚选择，审美情绪和心理需求。

如果说服装体现了一种文化，那服装上面的图案就是这种文化的载体。图案样式能够美化服装，把人装扮得更漂亮，展现女性的端庄典雅，展现男性的强健体魄，使人们在穿着的时候能够得到美的享受。同时，图案作为一种特殊的符号，传达美的同时，也可以传递一种情感，它可以集中体现民族文化和地域风俗，反映着一个国家的精神面貌，传递着一个民族的审美观念和生活情操。

1. 增强服装审美感

现代社会，人们穿衣服已经不仅仅是为了遮挡身体，实用保暖，人们在挑选衣服的时候往往更加青睐美观、漂亮的衣服，这样才能满足人们对美的追求，满足人们的精神需求和视觉需求，这也正是服装图案设计能增强审美感的重要原因。服装的美观，主要分为三种，即自然美、艺术美和社会美。服装图案纹样的构成有很多，其中包含着人们的心理需求和生理需求。服装图案的排列组合也是有规律可循的，在变化中寻找统一。服饰图案中有对称、有节奏，还有韵律，除了展现美，还能够展现出一定的精神文化内涵，我们可以称服饰图案为服饰的艺术美。

2. 装饰性作用

从美术的发展史来看，人类关于美的知识积累和智慧反映到自然和社会当中，运用集中总结概括的方法，对外界的各种形象在描绘的基础上，进行典型化处理，将对图案的设计创造运用到针织服饰设计上。通常情况下，服饰图案对针织服装能够起到装点的作用，使原本单调的服装变得生动活泼，颜色鲜明。但是，如果图案较多，造型复杂，就不能起到装饰的作用，而素材、颜色、艺术表现手法得当的图案装饰，不仅能够增加服装的审美，更加能够体现服装深层次的内涵。

3. 标识性作用

针织服饰图案的标识与符号作用，是服饰图案的社会功能之一。在广泛的视觉领域，人往往通过符号系统完成信息传递的任务，符号与标识可以说是信息的载体。有些服饰图案就起着符号与标识的作用即标明穿着者的职业身份或服装的品牌，如运动员队服的图案，航空、海运工作者的标记，警察、军人徽章或名牌服装的标志图案等。这类图案的共同特点是醒目、整体、简洁、易识、易记。

4. 实用性作用

有些服装图案与装饰对象的使用功能紧密结合，以对其特定的功效起到加强的作用，如针织服装上常见的装饰带、扣子、绳带、搭袢、膝、肘、开衩处的处理等，往往既有美化之功效，又有连接、加固和实用的作用。

第三节　针织服装的摄影及其发布会

一、针织服装摄影

（一）摄影器材与设备

1. 摄影棚

作为一种最基本的设施，摄影棚中最重要的莫过于其所具有的空间，即长度、宽度以及高度。摄影棚的高度应该能够安置布景，悬挂顶光照明灯具，一般以 3.5～4 m 为宜，这样高度的白色天花板可以营造天光效果，为作品增色。摄影棚的宽度由内区和外区的宽度决定。内区为模特的活动区，亦称工作区；外区是灯具及其他辅助设备的安置区，总宽度最好不少于 4 m，其中内区不应窄于背景的宽度。摄影棚的长度一般要求不少于 8 m。其中，模特到背景的距离应保证其身影不会投射到背景上，一般为 2 m。拍摄距离，即模特到照相机的距离，应能够在使用标准镜头时，拍摄到模特的全身。因此，一个用于时装摄影最小标准的摄影棚空间应为高 3 m、宽 4 m、长 8 m，这样才能满足基本拍摄的需要。

2. 灯光设备

灯光是摄影棚中不可缺少的设备。通常根据灯的功能或所在位置来给灯具命名，如主光灯、辅光灯、顶光灯、背景灯、轮廓光灯、发光灯等。但按打光的效果，摄影棚内所使用的灯具可分为以下三种。

第一种为直射光源灯具，如聚光灯、射灯等。这类灯具的光比较硬，方向性强，会在被照射的物体上形成边缘清晰的阴影。

第二种为散射光源灯具，如泛光灯、电影灯。这类灯具的光照范围大，照度也比较强。常用作天光灯和背景灯。

第三种为柔光光源灯具，如加有反光伞或柔光箱的灯具。这类灯具一般可视为平面光源，被摄物受光均匀。由于柔和的光线不会产生浓重的阴影，所以特别适于表现细腻的层次与质感。

（二）摄影技法

1. 造型

时装摄影师在拍摄的全过程中，要掌握被摄主体的局部与整体造型之间的关系。在拍摄服装时，除了要注意被拍摄服装的感觉外，更重要的是要突出服装设计的重点部位。在选择模特的姿势时首先要根据所要表现的服装或所要表现的服装部位而确定，如果要表现服装上衣领部位（或胸部的）标志，那么选坐姿就足够了；但如果要表现的是束腰或束在里面的上衣，就必须采用站姿。

造型会直接影响感情的表达。在人物造型上，要完善地表现模特最生动、最有活力的瞬间，尽可能地在照片中反映出预期的精神气质和情感。在环境及衬体方面，尽可能地将摄影室内空间与自然实景相结合，多给模特一些自由，使情景更加生活化。有真实的亲切感和感情投入的画面才会持久耐看。然而情感的表现是没有现成模式可循的，需要摄影师开动脑筋，根据不同的情况去努力创造。

2. 构图

狭义的构图即指画面的结构与布局，它主要是通过拍摄时对景物的取舍来安排画面。而时装摄影中的构图侧重阐述通过对景别及拍摄位置的选择来对画面进行取舍。在确定时装摄影的构图时，首先要选定合适的景别，要尽量使被表现的主体充满画面，从而充分表现服装。近景相当于人像摄影中的"肖像"，一般仅表现小型服装或服装的一个部分，如帽子、内衣、短裤等。在表现服饰的搭配时，也会采用近景拍摄，比如在表现衣领与脸型、裤与鞋的搭配时，近景往往会起到突出强调的图示作用；中景就相当于人像摄影中的"半身像"，已经可以完整地表现一件衣服了。在人像摄影中，半身像一般都是指上半身，而时装摄影则会出现仅拍下半身的图片，比如针织裤的广告。对于单独描绘的上下分置式针织服装来说，中景可以表现得更加清晰，而且，中景已经可以加入更多的背景和肢体语言了；全景相当于"主身照"，有时为了表现环境和场面，取景的范围会更大一些。大部分两人以上的组合构图，均采用全景。

3. 布光

摄影作品影调、层次、色彩的表现都离不开光的作用，作为摄影师必须了解光的作用，并且还要善于用光。摄影用光不外乎采用人造光、自然光、人造光与自然光混合的三种方式。摄影棚中以人造光为主，而且不同类型的灯具可以营造出不同的效果。

二、针织服装发布会

（一）策划流程

1. 明确主题

主题是时装发布会的灵魂，所有的相关要素，如舞台、灯光、音乐、甚至是邀请函等，都是围绕着主题来设计的。如今时装发布会的主题很多是从日常生活中摄取灵感的，印证了"艺术源于生活"这句话，那些看似与时装秀不相关的场景也可以作为秀场的主题。但秀场的主题设计要符合时装发布的时尚艺术氛围，并且一定要与本季服装设计的风格相一致，所以，秀场主题的定位应该具备社会价值、商业价值和艺术价值。

2. 经费预算

任何一场表演离开了活动费用都是很难启动的，时装发布会也一样。时装发布会经费预算的内容主要包括场地租赁费、舞台搭建费、媒体宣传费、模特出场费、编导费、舞美灯光音乐制作费、会务费、化妆造型制作费等。其中场地租赁费和舞台搭建费是总费用中的重头。舞台搭建费方面，主要是看舞台的造型、大小以及是否使用 LED 大屏幕等高科技设备。所以，如果有足够的经费，可以在各个方面做到奢华和细致，打造绚丽的舞台效果。但如果预算经费有限，可能就要舍去价格昂贵的设备，完成只有基本配置的舞台搭建。

3. 媒体宣传

时装发布会相比其他类型的时装表演更注重媒体的宣传，以赢得社会效应。随着全球数字化、信息化的发展，媒体的类型越来越多，人们不仅可以从电视、杂志、报纸等传统媒体看到时装发布会的报道，也可以从以网络技术为主的新媒体中得到资讯，而且如今新媒体的影响力也越来越大。

4. 舞台制作

舞台是整个时装发布会表演的载体，除基本舞台搭建区之外，还有后台区（化妆区和模特换衣区）、观众席区、签到区、总控操作台区、媒体区和安全通道等，各种基本区域的设置不能缺少。

舞台造型方面，时装秀舞台的造型首先要根据所选场地的实际情况来进行设计，最经典的秀台还是 T 型台，经久不衰的原因和其本身"T"字母造型有关，因为 T 台的长度可以让模特在行走的过程中从各个角度充分展示服饰，也可以让在场的观众近距离观看到服装的细节，并且 T 型台在舞台搭建中的价格最低廉。其他舞台的造型包括圆形、正方形、"凹"字形等，或搭配喷泉、车站、旋转木马等场景组成一个秀场。现在越来越多的时装秀场布置得像艺术展，将秀场与装置艺术二次融合，通过这种文化营销的方式来吸引观众的眼球与传递深层思想。

（二）发布会的价值

1. 文化价值

时装发布会无疑是能够将服装设计师的先进理念向业内乃至全社会传播开来的最好选择。很多知名的设计师在设计出具有典型代表意义的服装后，都倾向于召开服装发布会或以参加服装发布会的形式，通过服装模特的真实现场展示向外界传递自己的设计风格和设计理念。时装发布会还能传播各国的文化艺术。当今的世界，是一个文化交融的世界，在各种文化彼此交流的过程中，时装发布会也承担了重要的作用。

2. 经济价值

时装发布会将最新的时尚信息展示给大众，是传播时尚的重要途径。时尚能够驱动消费，具有商业元素，可以创造出巨大的商业价值。举办大型的时装发布会也一直是知名品牌扩大知名度、提高服装销售量的一个重要手段，其最终目的就是设计人员和商家获得经济收益。同时时装发布会展示最符合时代风尚的时装，能够引发人们的购买欲，带动消费，带来巨大的经济效应，这些都是显而易见的。

3. 审美价值

人类对于美的追求是永恒不灭的，时装发布会作为展示美、赞扬美和追求美的一种形式，体现了高度的审美价值。其一，时装发布会展现了人类的形体美。作为时装表演的模特，在先天身材的基础上，加之后天的形体训练合一的艺术熏陶后可以展现出人的内在力量、鲜活的生命力、纯洁的内心之美，并能够给人带来一种不同于普通人的美感；其二，时装发布会展示的时装，体现了时装本身的美。这些时装凝聚了设计师心血，可以说是设计师的最佳作品。时装模特向观众展示了时装的独特创意、独具匠心的搭配组合、个性化的设计风格、缤纷绚丽的色彩、优质的服装面料、良好的缝制工艺等，都能给人带来美的享受；其三，时装发布会具有审美教育功能，除了服装以外，灯光、舞美、音乐等艺术形式都是引导人们正确认识、理解时尚，以及感受时尚的真、善、美的重要构成因素。

第四节　针织服装的新媒体表现形式

一、全息影像技术

伴随着科学技术的发展，针织服装品牌销售终端中的传统静态展示已跟不上客户不断提升的审美品位了。同时，针织服装品牌通过传统的媒介来进行信息传达的资金投入也在不断增长，但其变化效果并不明显。多样性、多元化、互动性的媒体开始频繁地运用到传统针织服装品牌信息中来。在这巨大的市场需求和市场推动下，全息影像技术应运而生。全息影像技术就是一种真实的三维效果图像的记录和再现，它的全息图包含了被记录服装的尺寸、版型、色彩等信息。它根据剧本演示所展示内容，并配合声音、光、电等多种效果，虚幻莫测、绘声绘色，最终立体成像。全息影像技术包含180°全息影像和360°全息影像两种。180°全息影像指裸眼3D的立体效果，其原理是通过复杂的光学作用在服装展台上立体呈现栩栩如生的立体效果；360°全息影像即360°观看的立体特效。

二、互动数码橱窗

橱窗俗称为销售终端的临街广告牌，是最先映入消费者眼帘的形象画面，直接影响到消费者是否进店消费。但传统橱窗仅仅只是单纯的货品摆放，配以简单灯光、海报、道具的组合形式。这一形式仅仅只是视觉层面的传达，而没有做到心理层面的接受。互动数码橱窗设备解决了这一问题，它可将图像投射至服装店临街橱窗的玻璃上，消费者在店外就可隔着玻璃点击投射画面。与此同时，通过在店内安放可以感应顾客手指动作的互动橱窗设备，对顾客的手指动作指向进行精确定位，传输数字信息使图形配合用户进行相应的变换，最后实现人机交互，从转换货品、货品信息查询、拖动货品到真人试穿等控制功能全部可由用户自己实现。

互动数码橱窗设备可以把服装的商品信息、品牌宣传等展示映射到橱窗玻璃上，这样也可以吸引路过的潜在顾客进行互动消费。真正实现了 24 小时不打烊的品牌形象宣传，同时又能记录潜在客户的交互操作信息，用数据统计更进一步地知晓用户喜好，提升销售。

三、其他新媒体表现形式

（一）微博推广

微博所表现出来的优势主要体现在传播方式、互动性、发布渠道与关系模式上，它能够在多个方面满足用户的需要。第一点是主界面的设计及编排，一个精心设计、匠心独运的微博主界面是强而无形的广告，能够有效地调动起粉丝的积极性。微博的导航栏中可以添加一部分包含针织服装信息的应用，以便于体现出图形、音像、链接等一些特色，有效地实现和用户的互动，使得商品品牌的价值能够得到更深度地体现。同时可以把有助于品牌宣传的横幅广告设立在能够吸引用户目光的主页上，最好是在顶部，这样用户可以很方便地看到具体的信息，还可以添加上链接，使得推广更加有效，也更具真实性。第二点为在内容的设计上，是否具有创造性思维是微博内容在选题上是否能够满足实际推广需求的要点所在。若是使用比较优秀的话题就能够使微博的传播范围进一步扩大，得到更多兴趣一致的粉丝，这些粉丝还能够帮助宣传、转发推广信息，有效地加强服装品牌的吸引力与知名度。话题推广信息的主要内容覆盖面可以包括折扣活动、新品推荐、服装搭配心得、与品牌相关的故事、服装常识等多个领域。

（二）微信推广

微信营销推广在具体运营活动前要充分关注市场信息，了解市场环境和供需变化的微观要素，考虑清楚应当以什么样的方式进行营销和推广。企业在明确自身市场定位的基础上要充分抓住消费者的消费需求和购买力，根据市场的变化及时改变产品和服务方式，提高营销策略的积极性和流动性；要突出个性，丰富内容，展现针织服装的优点。相比于其他的线上经营方式，微信具有年龄上的显著优势，它的用户多数为年轻人。微信公众号是微信营销的重要宣传方式，在企业不断推出个性化活动的同时，应当将通过公众号发布的信息不断优化，降低信息量，让发布的信息"少而精"，能够充分抓住消费者的眼球，短时间激起他们的消费欲望。可以适当添加一些图片、动画或视频，但内容一定要真实，不能夸张。

（三）APP 推广

广告植入模式的 APP 营销策略是服装企业最主流的一种推广方式。企业把相关的广告信息放在杂志、服饰指南等诸多与商品消费者存在联系的热门 App 里，一旦消费者单击广告栏就可以自行转到企业 Wap 网站，这样用户使用 App 的时候可便利地获取广告信息或参加活动，进而在不知不觉中就实现了营销目标。这一模式所需成本不高、运作简便，仅需把针织服装广告信息有计划地放入与产品消费人群存在较大联系的热门 App 中就可以获取传播表现效果。

第五章　针织服装之色彩设计

第一节　针织面料材质、花型与色彩的关系

一、针织面料材质与色彩

色彩的三要素包括色相、明度和纯度。针织面料的色相取决于染料，明度基本上取决于染色浓度，纯度也取决于染料。纤维的颜色一般来源于染色，取决于纤维对染料的可上染性，这与染料类型、染料在纤维内的扩散速度以及温度和助剂等染色条件有关。相同色号的颜色在不同的针织面料上会显示出不同的色感和风格，这些不同的表现与原料特点、染色性能、组织结构、织物风格等有着很大的关系。在进行针织服装色彩设计时，设计师必须了解针织面料的原料特点。

针织用纱种类很多，分类方法也很多。其可以是仅含一种纤维的纯纺纱或两种以上纤维的混纺纱。常用的有天然纤维纱与化学纤维纱，如棉纱、毛纱、麻纱、真丝、黏胶丝、涤纶丝、锦纶丝、腈纶丝、丙纶丝、氨纶丝等。根据纱线形态不同，可以分为普通纱线和花式纱线，而花式纱线针织物色泽层次丰富，布面纹理感强，不规则的彩点给针织面料带来丰富多彩的细腻变化效果。结子线、疙瘩纱多有仿麻产品的特点，渐变色纱可以使针织物的色彩纹理发生过渡和渐变的效果。根据纺纱过程可以分为精纺纱和粗纺纱两类。

精纺纱具有条干均匀、强度高、毛羽少等优点，所制成的针织面料组织细腻，色彩光泽感强，档次较高，而粗纺纱的光泽感相对比较柔和。按纱线的结构也可分为短纤维纱线、长丝和变形纱等。用长丝织成的面料（与同类原料的

短纤维织成的面料相比）手感爽滑、光泽明亮、布面光洁。

（一）化学纤维

1.合成纤维

（1）涤纶

吸湿性差，但强度高，弹性回复率大，尺寸稳定性好，但具有容易起毛起球的特点，同时涤纶的染色性较差，只能在高温高压下采用分散染料染色。比较容易产生静电，吸灰易脏。根据涤纶主要特点研制的改性涤纶，主要有亲水性涤纶和易染色涤纶。

（2）锦纶

具有很好的耐磨性、弹性和吸湿性，染色性是合成纤维中较好的，可以与羊绒混纺生产羊绒类产品，因为它具有优良的伸展性和回弹性，所以是针织服装产品中袜品和无缝内衣的主要原料。

（3）腈纶

具有许多优良特性，它耐日光和耐气候性特别好，染色性能较好，所染的颜色色泽鲜艳，手感蓬松柔软，特别是经过膨体加工成的膨体纱，性质与天然羊毛相近，故有"合成羊毛"的美誉，可作为纯纺和混纺原料。

2.再生纤维

（1）黏胶纤维

黏胶纤维又叫人造丝、冰丝、黏胶长丝。黏胶纤维的含湿率最符合人体皮肤的生理要求，具有光滑凉爽、透气、抗静电、染色绚丽等特性。由于其吸湿性好、可纺性优良、穿着舒适，常与棉、毛或各种合成纤维混纺、交织，可用于各类针织服装。

（2）铜氨纤维

铜氨纤维细软，光泽适宜，吸湿、放湿性极佳，其产品的服用性能极佳，性能近似于丝绸，极具悬垂感，所以常用作高级织物原料，特别适用于与羊毛、合成纤维混纺或纯纺，用于制作内衣、袜子等针织产品。

（二）天然纤维

1.棉纤维

针织工业中应用最多的天然纤维是棉纤维。棉纤维为天然纤维素纤维，可纺织较细的纱线，棉纤维很柔软，具有较强的吸湿性和透气性，穿着凉爽、舒适，所以夏季针织服装一般多选用棉原料。棉纤维还有良好的保暖性，是优良的御寒絮料，也可用作春秋季内衣和外衣服装面料。

2. 麻纤维

麻纤维是一种韧皮纤维，种类较多，在针织面料上得到应用的主要有苎麻、亚麻、罗布麻等。麻类产品具有滑爽、挺括、吸湿放湿快、穿着凉爽、抗霉菌和其他病菌、卫生性能佳等优点，是夏季 T 恤和粗针距麻衫的原料。但由于麻纤维刚性大，所以其弹性相对较差，麻类服装穿着在身上有刺痒感。

苎麻纤维弹性好、质地柔软，具有很好的吸湿性、散湿性，苎麻类服装在夏季穿着比较凉爽和舒适；亚麻纤维具有吸湿性好、导湿快、线密度小的优点，主要用作夏季面料；罗布麻是一种野生药用物，它除了具有一般麻纤维的优点外，还具有丝般的光泽、良好的手感以及一定的医疗保健作用，可用于内衣、T 恤、衬衫等贴身类衣物及保健纺织品。

总体来讲，苎麻为青白色，经脱胶处理后为白色，着色效果较好；亚麻为淡黄色，罗布麻为白色且有亮光，其织物色彩淡雅。设计师要注意麻织物的颜色会因品种和浸渍脱胶工艺的不同而有差异。

3. 毛纤维

天然动物毛用于针织的主要有羊毛、兔毛、山羊绒、驼绒和牦牛绒等，其中以羊毛用量最多。

羊毛通常指的是绵羊毛，是天然蛋白质纤维，以其蓬松、丰满、保暖的特性深受消费者的青睐，享有"纤维宝石"的美称。羊毛的天然色泽可从奶油色到棕色，偶尔也有黑色。羊毛具有弹性好、吸湿性强、保暖性好、不易沾污、光泽柔和、易于染色等优良特性。精梳羊毛纱短纤维含量少，毛纤维长度较长，纤维的平行伸直度好，纱线条干均匀，强力高，可编织质地紧密、布面平整光滑、纹路清晰的毛针织面料；粗梳羊毛纱纤维长度短，纤维的平行伸直度差、强力较低。粗梳毛纱编织的织物经缩绒整理后毛感强、手感柔软、丰满、蓬松，保暖性好。通常情况下，粗羊毛由于毛纤维表面鳞片稀疏且紧贴于毛干上，表面比较平滑，反射光较强。细羊毛的鳞片稠密，在羊毛干上紧贴程度差，所以其色彩光泽比较柔和。

兔毛具有长、细、柔软、耐用等优点，细度约为最细羊毛的一半。兔毛针织面料具有轻软、保暖、光泽美观、吸湿性好、传热性能低的特点，原毛颜色洁白，富有光泽，兔毛针织物表面上有一层浮毛，蓬松如雾，非常美观。

山羊绒是一种贵重的纺织原料，被誉为"软黄金"。国际上习惯称山羊绒为"克什米尔"，中国采用其谐音为"开司米"。用山羊绒编织成的毛衫称为羊绒衫，羊绒衫光泽自然、柔和贴体，穿着后给人以典雅华贵的感觉，广泛受到人们的喜爱。

牦牛绒、驼绒等虽然不及羊绒贵重，但也具有优良的外观效果和服用性能，牦牛绒的纤维与羊毛相似，但强力偏低，常与羊毛、锦纶混纺。驼绒纤维细长，呈淡棕色，表面比较平滑，有丝光感，也是毛针织服装的高档原料。

4. 蚕丝

天然蚕丝是天然蛋白质纤维，其纤维是层状结构，光会在纤维表层的各结构层发生多次反射、折射和透射，故蚕丝针织面料的光泽柔和且均匀。蚕丝具有强伸度好、纤维韧而柔软、平滑、富有弹性、光泽好、吸湿性好等优点，产品具有轻薄柔软、光泽柔和、手感丰满，吸湿透气、富有弹性和飘逸华丽的风格，穿着很舒适。

（三）新型纤维

1. 莫代尔纤维

莫代尔纤维是一种新型环保纤维，它集棉的舒适性、黏胶纤维的悬垂性、涤纶的强度、真丝的手感于一体，而且具有经过多次洗涤以后仍然保持其柔软和光亮色泽的特点。同时针织工艺与将莫代尔纤维的柔软蓬松、高弹舒适等特点相结合，使两者相得益彰。在针织圆纬机（大圆机）上，采用莫代尔纤维和氨纶裸丝交织的单、双面针织面料，柔软滑爽、富有弹性、悬垂飘逸、光泽艳丽、吸湿透气，并具有丝绸般的手感，用该面料设计的时尚服饰，能最大限度地体现人体的曲线美。

2. 闪光纤维

面料具有闪光的效果，一直受到服装设计师的宠爱。如采用金丝和银丝与其他纺织原料交织，在针织面料的表面具有强烈的反光闪色效应；采用镀金方法，会在针织面料上出现各种图案的闪光效应，而面料的反面平整、柔软舒适。用这种针织面料设计的紧身女时装及晚礼服，会透过闪光面料表现耀眼、浪漫的风格，展示出光彩照人、华贵亮丽的韵味，全方位地表现针织服饰的风采，这类产品开发具有广泛的前景。

综上所述，由于不同的纱线纤维具有不同的截面形状和表面形态，面料对光的反射、吸收、透射程度也各不相同，从而赋予针织物不同的色彩感觉。总体来说，棉针织物着色后，色牢度较高，色彩丰富，一般会给人自然朴实、舒适、色泽较为稳重之感；麻织物具有淡雅、柔和的光泽，由于其具有优良的热交换性能，常作为夏季面料，色彩一般较为浅淡，给人凉爽、自然、挺括、粗犷之感。毛织物中色彩花型根据品种而变化，用色力求稳重，常采用中性色、明度、纯度不宜过高，给人温暖、庄重、大方、典雅之感，色彩较为深沉、含蓄，即使是女装和童装的鲜艳色，色光也十分柔和；丝织物具有珍珠般的光泽，薄型织物光滑、轻薄、柔软、细腻，丝织物用色高雅、艳丽而柔美，一般明度和纯度较高；化纤针织物根据仿生风格的要求，其色彩极为丰富。

二、针织面料花型与色彩

面料花型是指各种纺织品成品或半成品的表面图案、颜色、加工效果所表现出的这种纺织品独特的花样设计及排版。如果给它进行感性分类，可以分为古典型、现代型；也可以根据上面的花纹特征分为花卉型、卡通型、线条型、网格型等。众多的花型给了消费者更多的个性化的选择。面料的花型设计是较为专业的设计过程，经过专业训练的设计师能够将各种题材的图案元素，变化成不同的造型，组成一幅幅图案，然后，结合面料色彩设计的原理设计出面料的外观。包括面料的材质、组织条纹，图案色彩等基本元素。

（一）面料花型的分类

1.按面料的纹样大小分

按面料纹样的大小可分为太花型、中花型小花型。大花型可以是大花、大格、大点的图纹，主要特点是花型奔放、醒目。中花型的图纹大小中庸，是相对于较大花纹和较小花纹的寻常花型，特点稳定、朴索。小花型包括小花小格小点等图纹，特点是典雅、温馨。

2.按面料纹样的图、地关系分

按面料纹样的图、地关系可分为满地彩花型和清地彩花型。满地彩花型是以大面积布满花纹的形式，表现喧闹、多彩的面料外观。清地彩花型的花纹和图、地关系明确，花清地明，表现冷静、轻柔的花纹特点，俗称"清水花型"。

3. 按面料的花纹色彩分

按面料的花纹色彩分为一套色、两套色及多套色，鲜色调和灰色调面料，浅色调面料和深色调面料。面料上具有的色彩形式的差异，使面料呈现不同的视觉效果，有的轻盈、活泼，有的稳重、宁静，有的优雅，有的粗犷等。

4. 按面料花纹的题材分

按面料花纹的题材分为具象花纹和抽象花纹。具象的题材范围极广，如花卉、植物、动物、人物、建筑、风景及各种实例图案等。抽象的题材则包括几何线条构成的图纹，亦包括视幻艺术、现代美术和原始艺术等。抽象和具象花纹的选择，影响着面料色彩的搭配，根据不同的题材，可以分别借鉴自然界的缤纷色彩，或从各民族传统文化中受到启迪，可以表现出原始的、民族的、田园的色彩情感，为面料能够具有完美的风格奠定良好的基础。

（二）面料花型与色彩

流行色和常用色的应用与组合可作为与各种风格面料花纹相贴切的配色方案。

地纹采用流行色上面的浮纹花型为常用色，多用于花型稀疏的清地、半清地花纹组织的面料设计，适合于古典花样、花卉花样、动物花样及民族花样等；针织服装设计中主要花型色彩采用艳丽的流行色，地色为沉着的常用色，使花色整体达到缓冲调和的效果，适用于生态花样、佩兹利纹样、中国风格花样等；流行色与常用色的互配空间混合，流行色系之间的空间混合，常用色之间的空间混合成为流行色系。此三种配色方法必须用两种以上的色彩营造色彩细小形象并置产生的独特视觉效果，可作为抽象几何图案、视幻图案、肌理图案的配色手法，亦用于设计面料花色的地纹色彩；以黑、白、灰或其中一种无彩色系颜色为主，加入一二种或两种以上的流行色彩，体现出一定的时髦感，而且是比较出效果的配置方法，如非洲花样等；全部应用流行色系中的色彩，也是较为普遍和易见效果的方法，应用时要注意主色调与辅助色之间的对比统一。多用于夏威夷花样、丛林花样、海洋花样等具有异国风情的、自然生态的花色图案。有时，在对流行色和常用色两者的应用中，量的对比是以常用色为侧重面的，主要体现在用大面积常用色以陪衬小面积的流行色，这样做可以保证面料的实用性和市场销售长期乐观的结果，也是较为保守的设计思路。

针织服装面料花色的设计和选择与服装整体的穿着效果具有内在联系，因此，必须能够把握立体空间、动态形式的美感。面料的花型图案耀眼夺目不等于制成服装穿着后也有很好的视觉效果；相反，一些花纹色彩看似不起眼的面料，穿着后却非常耐看。这就是说，花色面料的设计存在着立体与平面、动态与静态的因素，这些因素的相互存在有时会造成设计中的难题，只有以多姿多彩的花纹面料与相匹配的服装款式、结构按以下规律巧妙结合，才能够相应地解决好上述问题。

满地多套色彩花花样的面料适宜制作简洁大方、轮廓清晰的服装，起到弥补服装结构简单的作用，使人感觉俏丽活泼，开朗轻松；清地彩花花样的面料在制作结构、层次复杂的服装时能够突出款式的个性美，展现独特的款式结构设计，使面料本身的花型色彩不会喧宾夺主；浅淡柔和的小花型纹样的面料，温馨而无刺激感；特别醒目、刺激的花样，多用于沙滩装、泳装的设计，具有动感和活力；小花型面料、抽象几何纹样面料等在单独作为服装面料时，有的视觉效果一般，因此，可采用作为单色面料局部搭配花色面料的方法，如在针织服装的领子、前襟等处搭配花色面料，则丰富了针织服装的款式结构。

此外，在对针织服装面料的花色进行设计和选择时，要正确区分哪些面料花色适合于针织服装设计，哪些花色只适用于装饰用纺织品设计（如家用床上用品、沙发套、浴巾等），将面料的花色设计与服装的款式、结构紧密结合。在当今的服装设计领域，设计师必须通过各种渠道及时获取国内外的流行信息，把握国际流行的服装款式、风格和面料花色图案的潮流趋势，为服装设计不断注入新鲜血液。

第二节　色彩与织物组织结构的关系

一、色彩与织物

一般认为，织物设计者往往侧重于纤维材料、织物结构、纹制技术以及各道加工工艺等方面的研究，对图案、色彩方面的探讨较为忽略。其实不然，配色是品种设计领域不可缺少的部分，尤其是丝织物设计，自古以来就十分重视色彩的研究。如我国的优秀传统丝织品有"云锦""蜀锦""宋锦""织锦"等就有瑰丽多姿的外观效果，花团锦簇、繁花似锦，则更形象地把美丽的丝织物比作大自然中的鲜花。"锦"便成了五彩缤纷的代名词。又如"缂丝"及西汉古墓马王堆出土的丝织品，也是以色彩丰富、艳丽为其主要特征的。现代织物"彩经缎""缤纷绢""花绒绸""迎春绡"等都是具有光彩夺目、丰富多彩的外观效果。因此，花、色、品种三者是互为一体，不可分割的。

色彩本身不能单独存在，它必须依附于物体。织物本身是一个物体，它是由纺织材料按一定规律交织而成的片状物体。如果将织物剖析一下，它也和其它物体一样，是由以下五方面的基本要素所构成即材质、重量、结构、形态和色彩。这五个要素是有机的、和谐地结合在一起，从而形成一个完美的整体。鉴于色彩是构成织物的五要素之一，故没有色彩的织物只能称为"坯绸"，而不能作为最终成品。除非根据需要，用朴素的本原色，作为"本原型"织物使用，为此，色彩依附着织物，色彩又装饰着织物，织物与色彩是紧密相连的。

二、色彩在织物组织结构上的表现

织物设计在"色彩"这个领域中的变化，其路子是十分广阔的，可以通过各种手段，使织物表面形成许多不同的色彩风格。基本归纳为以下几种手法和类别。

（一）丝织物上色工艺的变化

丝织物的上色工艺加工，大致分以下三种。

色织——丝线经染色后再织造，下机为成品。如纯色、闪色、印经、彩色、花线等。

白织——先将丝线织造成坯绸，后加工染色或印花为成品。如匹染、印染、扎染。

半色织——部分丝线经染色后再织造，然后再炼为成品。如部分采用炼不褪色、部分炼不褪色＋染色。

（二）色彩布局的变化

除通过印花、染色加工使织物表面呈现各种不同效应的色彩之外，其余便通过色线在织物中的布局、组织结构和经纬密度等变化来表现各种色彩效果。

1. 总体色

总体色系指整个经线或纬线采用一种色线所形成的织物色彩，可称总体

色，它分经纬同色的配置和经纬异色的配置。

由于丝织物常常采用经纬不同的原料和组织，即使采用经纬相同的色线，织物表面色彩仍呈现不同明度的层次，这是因为白光入射到织物表面时，由于其介质和织物结构形态各异，入射光的反射程度和折射率也就大不相同。如"黑织黑""白织白"的配色，在丝织物中尤其是在提花织物中效果良好，外观仍有层次，并显得含蓄和高雅，颇为耐人寻味。有时，有些织物故意采用经纬线不上色，利用它本色的效果，尤其是天然纤维中的丝和麻织物，应用它的"本原色"甚为流行，使织物达到质朴自然的外观效果。

2. 条格色、晕色

条格色是色线在织物中形成纵条、横条或格子，其中有粗细相等或粗细不等的色条和色格；有宽大或狭窄的色条和色格；有细线条的色条和色格等。

晕色指色彩的浓淡和明暗的逐渐过渡，在丝织物中部分俗称"月华"色。晕色的形成方法为由同色种不同色阶的色线从深到浅或从浅到深逐渐过渡；也可通过若干组不同色调的色线按逐渐过渡的色阶排列而成；利用色条的粗细和疏密逐渐过渡排列而成。此外，晕色在印染织物中也可应用多种方法形成。除纹样处理外，可通过"喷印""水印"和"云纹印花"以及"深中浅"挂染等。

晕色的工艺虽然繁复、精细、难度较大，但形成的表面效果都十分柔和，有的似天空彩虹一样美丽、迷人。

3. 印经色、花线色

印经是上色工艺和色彩布局的另一种变化，它的形成原理是将色彩先印在经线上，然后再织造，或将经线扎染后再织造，由于在织造过程中，每根经线的伸长不完全相同，以致反映在织物表面，其花纹纵向边缘的色彩参差不齐，具有一种有趣的特殊风味，宛如水中倒影，富有诗情画意。

通过两种不同的色线并合成花线，然后织造，使织物表面形成一种水波似的色彩效果，即谓"花线色"，其色彩波纹的粗细程度取失于花线加捻数的多少，而加捻数的多少则根据设计要求而定，所以花线织物的设计往往给人一种似花非花的感觉，风格别具。如果在设计时同时应用几种色彩的花线，则使织物更为丰富多彩，在不同角度的光照下，将有不同的闪色效果。

4. 点缀色

在织物表面除有一种或两种、两种以上的基本色外另有一组色线在间隔变换色彩，它不是以整体的形式出现，而是局部的、继续的或少量地呈现在织物表面，故称"点缀色"，它将使织物装饰得更加美丽动人，有时起到"画龙点睛"的作用。

点缀色的形成方法如下。

彩色挂经：即将一组经线分成若干种不同色相的色条，然后沿着色条经的轨道在织物表面起成彩色花纹。

彩色抛道：原理与上述相同，区别是前者为经向，后者为纬向起成彩色花纹。

挖花：即用各色小梭子在绸面的局部盘旋回复组成点点彩花。古代堪称"盘梭彩妆"。

节染或扎染：丝线经节染、扎染成疙瘩、结子形式的加工后再织造，在织物表面形成不规则的断断续续或星星点点的色彩效果。另一种将白坯绸局部扎成花纹形态再经染色，其织物风格尤为别致。

三、色彩与织物组织结构关系

（一）色彩与经纬紧度

织花和印花配色的根本区别于在织花的色彩不是直接印制出来，而是通过经纬色线的相互交织的混合色彩，其色彩的混合效果取决于加工工艺、经纬紧度和织物组织等因素。

经纬紧度的大小，影响着色彩的色度和明度。就以平纹织物为例，经纬紧度小的织物在同等色种的情况其色度和明度就差于经纬紧度大的织物，如经向紧度大于纬向紧度，则织物之混合色彩倾向于经线色彩，反之纬向紧度大于经向紧度，则织物偏于纬线色彩，若经纬紧度相等者，则为经纬向的混合色。

（二）色彩与织物组织

由于不同组织其经纬交织点数的不同以及经纬浮线长短的不同，呈现在织物表面的色彩效应也就不同。如经面缎纹针织组织，由于以经浮点为主体，纬浮点又往往被经浮线所掩盖，则织物基本呈现经线色彩，同样纬面针织组织，由于以纬浮点为主体，经浮点大部被相邻纬浮线所掩盖，故基本呈现纬线色彩。

综合以上结论，在确定织物的颜色时，首先要确定纱线的颜色，因为纱线的色彩是色织物色彩的直接来源，而织物组织可以调节色彩混合的均匀度，纱线的密度可以调节经纬纱的主导作用。任何色纱与白色色纱混合，则饱和度降低，明度增加，若用黑色与之混合则明度和饱和度都降低。这些因素的综合影响可以通过少数色彩的纱线的混合产生丰富的色彩层次，织物表面的色彩近看丰富，远看则色调统一，在不同的视觉距离和不同的角度观察具有不同的混色效果。

第三节　针织服装色彩的配合对比设计

一、以色相变化为基础的色彩配合对比

针织服装色彩的配合对比就是色彩在针织面料这个服装载体中的协调与矛盾。各种颜色在针织服装中的面积、形状、位置以及色相、明度、纯度等心理刺激的差别构成了针织服装色彩的情感。色相配合对比是基于色相差别而形成的对比。色相的对比强弱可以由色相环上的距离来表示。以色相变化为基础的色彩配合对比有七种方法。

1. 同类色配合对比

同类色的配合对比实际就是明度的变化配合对比。例如浅蓝、蓝、深蓝。所以，在设计运用时设计师要注意明度和纯度的变化差别配合。

2. 邻近色配合对比

即在 24 色相环中任选一色和与此色相邻间隔 15° 左右的色相进行对比。例如红与黄红、黄绿与绿，这种配合因为色相差别小，所以服装色彩很明确，容易达到统一的调和效果，但是容易产生单调的感觉，为了避免这一现象，在针织服装中常运用明度和纯度的变化拉大色彩间距离，弥补色彩的沉闷感。

3. 类似色配合对比

即在 24 色相环上间隔 60° 左右的颜色之间的配合对比。例如红与橙、橙与黄、黄与绿、蓝与紫，属于原色与间色的配合对比。在这个范围内的色彩配合，色相差别适度，这种对比虽然保持了邻近色的单纯、统一、柔和、主色调明确的特点，但在实际设计中同样要注意明度和纯度上的配合变化，或者可以

运用小面积的对比色或比较鲜艳的颜色做点缀，以增加色彩的生气。

4. 中差色配合对比

即在 24 色相环上间隔 90° 左右的颜色对比配合。如红与黄、蓝与绿等。这种配色介于类似色和对比色之间，色相差比较明显，在针织服装设计中易产生明快的效果，是色彩设计中比较常用的配色，但同样要留意色彩之间明度和纯度的变化。

5. 对比色配合对比

即在 24 色相环上 120° 左右的颜色对比。例如近乎三原色之间的对比，如绿与紫、蓝与黄、红与蓝等。对比色的配合设计要比类似色更加鲜明，具有饱满、华丽、欢乐的感情特点，对比色配合多用于休闲运动系列的针织服装设计。

6. 互补色配合对比

在 24 色相环上间隔 180° 左右的颜色对比。如红与青绿、黄与青紫、绿与红紫等。互补色相配合，能使色彩对比达到最大的鲜明程度，可强烈刺激人的视觉感官，但设计师要注意在设计过程中常使用黑、白、灰、金、银色做两色之间的调和色进行配合。

7. 色相的渐变

即是两种或两种以上的色相逐渐变化，其包括两种形式：一是使用两种或两种以上色相自身的明度渐变；二是由甲色相逐渐转化为乙色相，再逐渐转化为丙色相，这种色相渐变的针织服装设计在近两年较为流行，经常为设计师所使用。

二、以明度变化为基础的色彩配合对比

明度配色对比是将不同明度级别的色彩并列在一起，使针织服装的色彩对比出现明的更明、暗的更暗的现象。在色彩对比中，理解、掌握明度的黑、白、灰关系是明度对比设计的关键点。黑、白、灰决定着画面的基调，它们之间不同量、不同程度的对比能够创造多种色调的可能性。明度变化对比可以带来光感、空间感和层次感，由此可以表现事物的立体感和远近感，如传统中国画就是利用无彩色的明度对比来体现画面的远近虚实关系的。明度的差别可能是一色的明暗对比，也可能是多彩色的明暗对比。

除了黑色与白色以外，明度可以划分为 9 个明度色标等级。根据明度色标分为低明度（暗调子）、中明度（灰调子）、高明度（亮调子）3 个明度基调。

以明度变化础的色彩配合方法有以下几种。

1. 相同明度配色

按照三个明度基调，相同明度配色对比在针织服装色彩设计中的应用可以分为高明度配色、中明度配色、低明度配色。

2. 对照明度配色

对照明度配色，即高明度和低明度之间的色彩对比配合。

3. 略微不同明度配色

即相邻明度基调之间的色彩对比配合，在针织服装色彩设计中的应用可以分为高明度和中明度配色、中明度和低明度配色。

三、以纯度变化为基础的色彩配合对比

由于纯度不同而形成的色彩对比效果称为纯度对比。它是色彩对比的另一个重要方面，但因其较为隐蔽，故容易被忽视。在色彩设计中，纯度对比是决定色调感觉华丽、高雅、古朴、粗俗、含蓄与否的关键。其对比强弱程度取决于色彩在纯度等色标上的距离，距离越长，对比越强，反之则对比越弱。纯度对比既可以体现在单一色相不同纯度的对比中，也可以体现在不同色相的对比中，如纯红和纯绿相比，红色的鲜艳度更高；黄和黄绿相比，黄色的鲜艳度更高，当其中一色混入灰色时，也可以明显地看到它们之间的纯度差。黑色、白色与一种饱和色相对比，既包含明度对比，也包含纯度对比，这是一种很醒目的色彩搭配。在进行针织服装色彩设计时，可以通过两种方法降低一个饱和色相的纯度：混入无彩色调和黑、白、灰色；混入该色的补色调和。

纯度和明度一样，也可以划分为 9 个纯度色标等级，根据纯度色标分为低纯度、中纯度和高纯度 3 个纯度基调。

纯度配色方法可以分为以下几种。

其一，相同纯度配色。按照 3 个纯度基调相同，纯度配色对比在针织服装色彩设计中的应用可以分为高纯度配色、中纯度配色、低纯度配色。

其二，对照纯度配色。即高纯度和低纯度之间的色彩对比配合。

其三，略微不同纯度配色。即相邻纯度基调之间的色彩对比配合，在针织

服装色彩设计中的应用可以分为高纯度和纯度配色、中纯度和低纯度配色。

四、以色调变化为基础的色彩配合对比

以色调变化为基础的色彩配合对比表现在以下几点。

（一）同一色调配色

即将相同色调的不同颜色配搭在一起而形成的配色关系。同一色调颜色的纯度和明度具有共同性，明度按照色相略有变化。例如，婴儿服饰的色彩多以淡色调为主；在对比色相和中差色相的配色中，一般采用同一色调的配色手法。

（二）类似色调配色

即将相邻或接近的两个或两个以上色调搭配在一起的配色。类似色调配色的特征在于色调与色调之间有微妙的差异，较同一色调有变化，不会产生呆滞感。将深色调和暗色调搭配在一起，能产生一种昏暗感；鲜艳色调和强烈色调再加明亮色调，便能产生鲜艳活泼的色彩印象。

（三）对照色调配色

即相隔较远的两个或两个以上的色调搭配在一起的配色。对比色调因为色彩的特性差异，能造成鲜明的视觉对比，产生一种对比调和感。对比色调配色在配色选择时，会因为横向或纵向而有明度和纯度上的差异。例如浅色调与深色调配色，即是深与浅的明暗对比；鲜艳色调与灰浊色调搭配，会形成纯度上的差异。

第四节　针织服装色彩设计与面料创作

一、色彩联想

人们经过长期生活经验的积累，对某些物质、色质效应形成了固定的概念与联想。当看到具有眩光效果的明亮色彩时，人们就会认为是表面光滑的硬质合金物体，设计师们常把这类色调称之为硬色调。而那些洁白又无反光的白色如自然界的棉花、白云、羽毛，让人们感受到的是光线的优雅柔和。在通常情

况下，明快的颜色给人以细腻、丰富、表面光滑的感觉，而深色给人以厚重、粗糙和诚实的感觉。色彩的感觉是针织服装色彩设计中的重要色彩艺术语言，可以加强对服装个性和情绪的表达。

同样，当一个场景或者一个词语展现在我们面前时，与之相应的环境颜色也随之浮现在我们的脑海里。不同的是虽然是同一个场景名词，但由于每个人的成长经历不同或者是某一次的生命经历在脑海中有了深刻印象，故所反映出来的色彩情感是不一样的。例如提出一个《雨天》为题目的场景，不同的人就会有不同的色彩情感联想。在雨天中，有的人心情会很好，有的人心情会很糟。从而使人们联想到的色彩或是带着粉色系的暖灰色调，或是阴暗蓝色系的冷灰色调。

综上所述，不同的颜色对人有不同的情感暗示，不同的情感又会使人联想到不同的色彩。针织服装设计师可以通过颜色使人们感受到服装的生命力，以增强服装的个性与温馨感。

二、针织面料创作

针织服装设计是集基本设计元素为一体的综合行为，每一种基本元素在设计作品中都相互配合，形成统一的视觉效果。设计师的任务就是选择这些单位元素并将其融合在一起。这些设计元素被称为设计的"灵感来源"。灵感具有偶然性、突破性和短暂性的特征。它常常需要外来因素的诱发启示和心理刺激。朱光潜先生认为"意向可以旁通"。诗人、艺术家寻求灵感往往不在自己的本行范围内，当设计的灵感堵塞时，不妨跳出自己的专业，在别的艺术范围内找到一种意象，让它们在潜意识中酝酿一番，然后再用自己的特别技艺将其"翻译"出来。这种在他人天地中找寻自己的灵感火花的方法在艺术创作中是常见的事。

本书利用 Illustrator 设计软件为例进行针织面料灵感的创作，具体表现在以下五个方面内容。

其一，找到个人比较喜欢的色彩图片或色彩流行趋势图片，置入到新建文档中。

其二，从这个图片中提炼主要的色彩标志，简称色标。

其三，色标色彩比例搭配方案设计。

其四，针织面料间条系列色彩设计。

其五，针织面料提花系列色彩设计。

具体操作步骤如下。

步骤一：新建文档。启动 Illustrator，可进入其操作界面，单击欢迎界面 [新建文档] 选项。在新建文档对话框中可修改名称"面料系列设计"，设置画板大小、单位、方向以及色彩模式。

步骤二：置入灵感来源图片。打开文件菜单下的 [置入]，选择所需要的灵感来源图片，左手按下 Shift 键，同比例放大缩小到合适尺寸。

步骤三：创建色标。在灵感来源中，设计人员需要根据设计主题挑选出图片中主要的几种色彩，并且将其作为标志性色彩分别展现出来。接下来，使用工具箱中的 [吸管工具]，鼠标回到灵感来源图片中左键点击所选中的色彩区域，工具箱中的填充色即显示出吸管所吸取的颜色，然后选择工具箱中的 [矩形工具]，在画板中单击左键即弹出矩形对话框，在选项栏中调整宽度为 35 mm，调整高度为 15 mm，最后点击确定创建一个矩形方框，随即选择的颜色就被填充到所创建的这个矩形框中（色标可以是任意的图形形状）。

步骤四：创建色彩比例配搭设计。创建一个宽度为 15 mm、高度为 115 mm 的矩形框。然后使用工具箱中的 [直线工具]，在矩形框内画横向分割线，应以色彩分区。接下来使用工具箱中的 [选择工具]，全选所画的矩形路径，再使用工具箱中的 [实时上色工具] 给每个色彩区域填色。

步骤五：复制调整新的色彩搭配。使用工具箱中的 [选择工具]，全选前一个色彩搭配方案，左手按下 Alt 键，拖动复制一个新的色彩搭配放在旁边。然后再使用工具箱中的 [直接选择工具]，逐一调整横向直线，以此改变色彩比例搭配关系。按照以上方法，复制一系列矩形色彩比例搭配图样，并且注意进行调整不同色彩的比例关系。最后使用 [选择工具]，框选所有色彩比例搭配图样，并且在工具箱中将描边调整为 [无]，目的是避免后期在创建四方连续图案时描边线。

步骤六：针织面料间条系列色彩设计。使用工具箱中的 [选择工具]，框选某一个色彩搭配方案，并且拖动至 [色板调色板] 中，用创建四方连续图案的方法可以设计出不同的间条。同时，可以配合工具箱中的 [比例缩放工具]，使用同一色彩搭配方案图样形成不同效果的系列性面料间条设计。

步骤七：针织面料提花系列色彩设计。创建一个新的菱形路径图案，并且进行实时上色，选择填充色标中的色彩。然后同步骤六，使用工具箱中的 [选择工具]，框选某一个着色后的菱形图案，并且拖动至[色板调色板]中。接下来，在工具箱中的填充色中使用该图案，并且将描边设置为[无]，鼠标单击[矩形工具]配合 Shift 键，拖出一个正方形的四方连续图案面料设计。同时，可以配合工具箱中的[比例缩放工具]，使用同一色彩图案形成不同效果的面料设计。

步骤八：完成多种色彩搭配设计。利用工具箱中的[实时上色工具]，将菱形图案改变成不同的色彩搭配，同时可以在底部衬上不同的色标做底色，以此设计出丰富多彩的针织提花面料。

三、针织服装综合创作设计

矢量绘图 Illustrator 软件和位图编辑 Photoshop 软件是 Adobe 公司旗下的两款重要设计类软件。它们之间具有很强的兼容性，充分发挥各自的优势可以更好地为针织服装设计服务。例如将 Illustrator 绘制的矢量图像再输入 Photoshop 做后期处理可使图案更加细腻、自然，符合人的视觉要求。设计师从面料创作到服装款式设计再到最终色彩效果图展示的全部设计过程需要综合运用 Adobe Illustrator 和 Photoshop 设计软件操作完成。

（一）Illustrator 绘制四方连续纹样服饰图案实例

具体步骤如下。

步骤一：新建文档。启动 Illustrator 之后，即可进入操作界面，单击欢迎界面中的[新建文档]选项。在弹出的对话框中设置文件的名称、尺寸、纸张方向、颜色模式。

步骤二：符号喷绘。选择[钢笔工具]，自由画出心形图案，并填充相应的颜色。左手再配合 Shift+Alt 键，绘制出正方形，设置为无描边，并填充上设计所需要的绿色。打开[控制面板]中的[符号面板]，打开[符号库]中的[花朵库]，选择雏菊符号。使用工具箱中的[符号喷枪工具]，在画面中点击鼠标左键，然后使用[选择工具]按照设计预想等比例放大缩小所绘制的雏菊图案。

步骤三：为了更好地显示花型循环，选中绿色矩形，然后鼠标右键选择[置于底层]命令，并将心形元素分别拖至绿色方框内，依据设计在矩形框内排列组合心形图案和雏菊图案作为四方连续元素使用。此时，用[选择]工具选中所有元素，把它们拖放到色板面板中，然后使用[选择工具]，框选四方连续元素，鼠标拖至色板浮动面板中，再使用工具箱中的 [矩形工具]，随意在空白处用 [矩形工具] 绘出一个矩形，并用刚才新建的色板进行填充，画出该四方连续图案的面料。如果图案显得过大，选中此矩形，打开工具箱中的 [比例缩放工具] 在对话框中选择将图案等比例缩放。同理，利用不同的图案组合和不同比例的缩放将得到各种丰富多彩的四方连续图案。

（二）Illustrator 制作服装效果图的路径及基本色调

利用 Illustrator 强大的 [钢笔工具]，可完成由手绘线稿向矢量图像转换的过程。

具体步骤如下。

步骤一：置入图片。锁定其他图层，新建一个图层，将手绘的图稿置入该图层，同比例放大充满图纸绘图区域框内。打开 [透明度控制面板]，设置图片透明度为 60%。

步骤二：绘制路径。单击工具箱中的 [钢笔工具] 绘制出人物基本路径（外轮廓设置为无填色、黑色描边、描边粗细为 lpt，其他褶线相应为 0.5pt）。为了方便后续操作，在绘制路径时最好分别建立图层并对其命名。绘制路径极为重要，完成路径就等于完成作品的 1/3。因此绘制路径的过程要耐心直至绘制出理想的路径。注意，图层的排列需要考虑到服装的色彩遮盖层次。

步骤三：利用上一步绘制出的路径，对各个图层填充需要的前景色。如头部、脖子、手部填充肉色。同时运用色板填充对服装各个部位进行初步图案填充。在色板中使用前面所绘制的不同四方连续元素。然后再逐一进行图案比例的调整，通过此操作可以得到服装效果图雏形，最后进行 AI 格式保存。

（三）Photoshop 处理服装效果图的后期修饰

通过 Illustrator 软件绘制，最初的线稿已经转为矢量图像。再利用 Photoshop 自身强大的功能对矢量图像进行处理，可以使服装效果图更加复杂，更具美感。

具体步骤如下。

步骤一：填充底色。运行 Photoshop 软件，文件菜单下打开上述制作好的矢量图像，新建一个图层并置于初始图层 1 下面，命名为"背景"，双击前景色选择白色，单击工具箱中的 [油漆桶工具]，单击画框范围空闲区域，背景被填充为白色，使得矢量图像的路径显得清晰。

步骤二：绘制围裙。单击工具箱中 [画笔工具]，选择柔角画笔直径为300px，利用拾色器选择合适的颜色在围裙处绘制出大致轮廓。

步骤三：三维立体效果绘制。选择图层 1，单击工具箱中的 [加深工具]、[减淡工具]，对矢量人物图像进行加深、减淡处理。此过程需结合光线照射方向原理，对模特各个部位的明暗效果进行细致修整，直至达到理想的效果。

步骤四：毛羽肌理绘制。新建一个图层，运用 [画笔工具] 在围裙处绘制出较为详细的轮廓及其毛绒效果，通过使用快捷键 Ctrl+T，调整每一个笔触方向和大小，按 Enter 键使毛羽显得自然蓬松。同时使用 [加深工具] 整体进行加深、减淡处理，使毛羽效果更加融合在围裙中。

步骤五：底摆花边装饰。新建一个图层处理裙子底部效果。单击工具箱中的 [画笔工具]，选取合适的前景色，在裙子底部绘制出所需的图案效果；同样也可以利用同一个 [画笔工具]，丰富围裙设计效果。

步骤六：胸针设计。利用心形图案设计元素装饰围裙。打开新的图片，首先使用工具箱中的 [魔术棒工具]，同时选择 [添加到选区]，分别选择心形图片周边的所有白色区域，然后点击菜单栏 [选择] 下拉菜单中的 [反向]，将心形图案使用 [移动工具] 拖拽到效果图的围裙合适位置。

步骤七：图层样式修改。双击图层面板的心形图案图层，随即弹出图层样式对话框，选择合适的特殊效果。单击选择投影、内阴影、斜面和浮雕 / 等高线特殊效果逐一进行修整设定。

步骤八：头部细部处理。选择合适的画笔，绘制出头发的外轮廓。为了制作出较为细致的头发效果，新建一个宽、高均为 15 pt，分辨率为 72 像素 / 英寸，背景色为透明的 PSD 文件，运用最小直径的 [铅笔工具] 在随机位置绘制出头发笔触，执行 [编辑 / 定义画笔预设] 命令，在随即弹出的对话框中对其命名为头发画笔，接着单击画笔工具并点击设定按钮，选中之前定义的头发画笔笔触并设定特效，选定头发笔触在头部绘制出人物发型，同时选取合适的前景色使用另一画笔笔触绘制出发箍。

步骤九：绘制腮红。腮红及睫毛的设计制作有多种方法，这里着重介绍一种较为常用的方式。单击工具箱中的 [画笔工具]，设置画笔粗细为 36 pt，在拾色器中选取适合的腮红颜色，鼠标回到画面中，在脸部画出腮红部分。如果效果不甚理想，可以执行 [图像 / 调整 / 色相和饱和度] 命令，调整至理想状态，同样利用画笔工具绘制出睫毛部分。

步骤十：完成。通过以上步骤对人物各个部位进行细致处理，即完成了对人物效果图的制作。服装效果图最后再用[加深工具]作光线明暗效果调整。在图层面板的最底层新建一个图层，并粘贴一张背景图片放大至理想效果。

第五节　流行色在针织服装中的应用

一、流行色的界定

（一）流行色定义

流行色属于外来词，意思是合乎时代风尚的颜色。在某个时期和地区内，某些颜色受到人们的偏爱，并得到广泛使用，达到应用的最高峰，这就是一次色彩的流行，这些色彩就是流行色。流行色是一个涉及人、时间、地区、社会等因素的综合性课题，有一定周期循环性、规律性。流行色与常用色有所区别，在色彩预测流程中，一些经常出现在流行色循环周期中的色彩就成为常用色，如棕色、米色、绿色、黑、白、灰、藏蓝等颜色。色彩预测专家通常把常用色比作产业色彩中的"面包和黄油"，认为它们是没有风险的颜色，因为它们有着极长的生命周期。而相对常用色来说，流行色来得快去得也快，有可能只出现在某一个季节里。宣传流行色也是商家惯用的营销方式，在流行趋势的报告中，总是更多注重宣传几个特定的流行色。设计师经常运用常用色作为基础色去烘托流行色，各个行业链中的商家为获得更大的利润往往会加快追赶流行色趋势的脚步。

对于流行色，人们目前有两种观点：肯定和否定。持肯定观点的人认为，色彩预测作为一种工具，被专业的色彩部门使用，为相关行业提供准确的预测信息，使企业确切地预知下一季度的消费者色彩喜好，能够大大降低企业生产风险，是有益于公司和消费者的。而持否定观点的人则认为，流行色试图通过市场引导消费者的消费倾向，左右市场产品的色彩。这种说法虽有些极端，但是也有一定道理，试想纺织服装企业生产类似色彩的产品，必然导致消费者在某一时间内买到的服装纺织品大多是这些颜色。

从宏观上讲，以上两种观点往往是相互交织着，准确的流行色信息可以帮助企业降低生产风险，但是如果某些颜色生产过剩，也会带来产品的积压。可见，流行色在这两者之间存在一定的模糊空间。

（二）流行色产生

流行色是一定时期，一定社会政治、经济、文化、环境以及人们心理活动的综合产物。它的产生原因和形成模式至今没有统一定论。一般认为流行色的最初形成是由于人们朴素的审美意识和他们的从众心理，形成了小范围内的"流行色"。

流行色通常有以下两种传播方式。

其一，由下至上。先是由民间发起，由于在小范围内得到认可，使得某些色彩被集中使用，引起更多人的效仿，从而导致一次流行色的产生。

其二，由上至下。这是由专业人士的推崇传播而形成的，是目前流行色形成的主要原因。形成了由上层时尚社会倡导并逐步传播到民间的一种流行模式。

二、流行色预测依据

流行色预测是流行预测或趋势预测一系列过程中的一部分。色彩预测者们通过主观想象、艺术基础等感性工具和客观地以科学为基础的理性来预测流行色趋势。这是色彩研究专业人士经过不断的摸索、分析，总结出的一套从科学角度来预测分析的理论系统，集合社会学、心理学等众多社会学科参与其中。预测者的感性很重要的一部分来自直觉和灵感，预测者必须以实验和过去的知识为基础才能达到。和理性相比，感性比较模糊，只可意会不能言传。除了感性的预测部分以外，理性的分析包括从过去的流行色信息中来收集、评估分析及解读数据。通常情况下，流行色的交替是有一定的时间周期的，虽然每年两季推出新的流行色系列，但是每个系列从出现到衰落一般需要3～5年的时间，预测者要在这个时间段中理性分析流行色彩的延续变化。

（一）审美疲劳的心理因素

人对某事物的感知一般会经过新奇、熟悉、麻木到厌烦四个阶段，随着时间的递增，这种感知走出一条抛物线一样的轨迹，直到该事物慢慢退出人的喜好舞台。在最初的新奇阶段，某种色彩被时尚设计师所推崇，随着新产品的发布，制造商或消费者竞相追随，使这种颜色在一段时间内达到使用的最高峰，同时在消费者心中达到熟悉程度，也正是因为熟悉的视觉刺激而让消费者感到了麻木，没有了先前的兴趣，时间一久就会产生厌烦的心理感觉。生活中有一个真实写照，"女人的衣橱里总是少了一件衣服"，这句话其实在很大程度上是在形容流行的变化之快。女人需要不断地在自己的衣橱内输入新鲜的"血液"才能跟上流行的步伐。所以，设计师就需要不断地推出新的色彩系列，以适应消费者"喜新厌旧"的心理。

（二）社会风俗习惯

每个国家、每个民族都有自己的文化特点，不同的社会风俗、不同的生活习惯、不同的民族政治、不同的科学教育使人类所追求的文化也不同。当一个国家或者一个民族在一段时期内被大众所关注的时候，这个国家或者民族的色彩特征就会随之被广泛传播，带来色彩的一次世界性流行。随着通信技术的发达，世界上任何一个角落都有可能成为下一种流行色的发源地。而这种流行色将带有这个国家和民族的特点。

（三）自然环境

自然环境包括人类生存环境的一切构成因素，随着工业化的进步，人类所生活的这个地球逐渐被污染和破坏，林地消失、沙漠化进程加快、水源的枯竭以及自然灾害的频发，这一切使得全世界都在关注地球自然环境，环境保护成为这些年来全球共同关注的话题。色彩在任何领域中的选择和应用都会随着大自然的变化发生奇妙的改变。因为自然环境的改变带来空气质量、光照强度的改变，相同的颜色所反射的色感也不同，在繁华的都市中所选用的色彩和在青藏高原所选用的色彩就截然不同。所以，流行色彩的选择要反映特定地区的自然环境。例如在追求朴实的色彩、强调自然的色调中，其核心色是黑暗而昏沉的炭泥褐、岩石灰、树皮色、雪白色等。同样，在不同季节里，人们喜爱的颜色也有所差异，因此，国际流行色协会每年发布的流行色也分为春夏和秋冬两部分。总体来看，在春夏和秋冬的常用色选色上，春夏季色彩明快且有生气，而秋冬季色彩相对比较沉稳含蓄。

三、流行色在针织服装设计中的应用

流行色发布机构每年都会推出新的流行色彩系列，但每一个系列从出现至最后退出流行舞台，一般需要 3～5 年的时间。每当一个色彩系列达到流行高

潮的时候，就开始孕育萌芽新一季度的流行色彩系列。

预测流行色的最终目的是看它是否被广泛地认可和应用以及流行范围的大小等。每一季度流行色研究机构以各种形式发布流行色信息，为纺织服装等行业的生产提供指导，并对设计师的设计和消费者的消费行为产生影响。但并不是各种被发布的流行色都会被市场接受，其中的一部分由于各种原因可能被排斥在市场之外。流行色是否能够被接受，关键要看它与使用者的风俗习惯、心理预期等因素之间是否存在矛盾。作为一名针织服装设计师，必须熟知基础市场对色彩的喜好和厌恶，了解消费者在不同时期对色彩的心理期盼。

流行色不是单独或孤立的一种或几种色彩，它们往往来源于自然环境中的一组相关的、带有联想性和某种色彩倾向性的色彩系列。流行色组常常以某个主题为中心，传达一种色彩情绪、色调感觉。设计师在应用流行色进行服装设计时，并不是将色彩研究机构所发布的色彩系列中提到的所有色彩全都使用上，而是选择几种色彩为主色，其他色彩用来与之相配，作点缀衬托之用。在进行针织服装设计时，关键要抓住色彩的风格特点、色调特点，因为流行色彩适应了当时的社会环境，是人们审美情趣与社会气氛之间的某种吻合，实质是人对环境做出的一种心理反应，因而，这些色彩能够使穿着者产生某种和谐感和美感。

设计师在进行针织服装设计时，还要注意针织物风格特点与色彩感情的配合，力求使色彩语言的运用更准确，更有针对性，从而达到设计的目的。

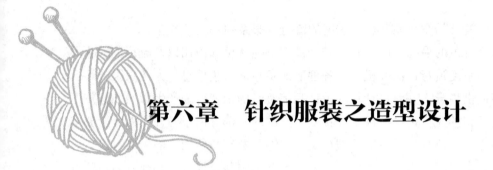

第六章　针织服装之造型设计

第一节　针织服装造型系统概述

一、造型定义

"造型"源自英文"model"一词，词意涵盖"造"和"型"两个方面，"造"是指创造物体形象的过程，"型"则表示为创造出来的物体的形象。因此，造型一词具备名词与动词这两种形态美学和造型手段。造型的本身源自人类通过直观力、想象力以及感觉力表现出来的一种对审美和功能的追求，它的形式根植于客观主体的主观能动性，主体意识的多样性决定了造型本身的多姿多彩，它可以是平面的，也可以是立体的。如雕塑艺术造型使用泥、铜、木、石等原料，按照艺术家的创作主题和思想，塑造一个具有三维空间感的雕塑作品；又如绘画艺术造型则是使用颜料、布、纸等材料，在平面的画布上创作出代表艺术家审美标准的作品。对于造型的研究，主要是掌握其演变的规律，造型的发展往往反映着社会思潮、人类生活及技术发展的规律。

服装造型不同于纯艺术造型，服装造型必须以人体的形态为本，遵循人体的运动规律，利用人体以外的空间，使用服装物质材料并结合一定的工艺手段，将二维的服装面料通过各种手法进行内部结构和外部轮廓的不同形式创作，进而转化为由服装与人体共同构成的三维立体服装形象。它反映的是人体穿上服装后的整体视觉效果，同时也反映了时代的流行语言和设计师的审美情趣。

二、针织服装造型的作用

服装造型的作用是为了修饰人体的自然曲线，满足人们对美感的需求。造型体现的是服装与人体之间一种相互作用的关系，共分二类：一是以迎合人体，展现人体形态美为目的；二是以塑造人体，改变人体造型为目的，这其中又包括两个方向，要么是强调或夸张人体的形态美，要么是减弱或掩盖人体的自然形态。

不同服装造型本质变化的重点在于服装围度和宽度的变化上，本书将从这两个方面入手，分析比较服装造型中针织服装与机织服装在表现人体曲线上的差异。

（一）展现人体形态的造型

当服装造型是为了表现人体的自然形态时，服装必然是合体的，也就是在人体的支撑下服装造型和人体形态是十分相符的。设计师为了让机织面料达到这种合体的效果，会在面料上进行收省、打褶、破缝拼接或者归拔熨烫等做法，可以说是工序多多，并且还要精算好放松量，否则可能会妨碍人体的正常运动，但是如果运用针织面料，很容易就能达到合体舒适的造型效果。一般针织物的横向拉伸为 20% 左右，而高弹性针织物可达 100%，所以，针织服装由于其良好的延伸性能，在服装的胸、腰、臀等围度的放松量与机织服装有很大的区别。

机织服装的放松量一定是正值，也就是说机织服装的各围度一定是大于或等于人体自身围度的。若小于人体自身围度，穿着起来会极为的不舒适，因为服装起码都要拥有人体呼吸等正常生理运动活动所需要的空间。而如果使用高弹性针织面料制作紧身针织服装时，不仅可以不需要加入放松量，还可以使放松量为负值，即人体的围度周长大于等于针织成衣的围度周长。这样的针织服装穿着起来，其在服装造型上的合体性、功能性都非常好，而且舒适性也是同效果下的机织服装无法比拟的。故现在运动休闲服大部分都是针织服装，而且原本一直是用机织面料制作的西服套装，也可以用针织面料替代，并创出不一样的造型感。

（二）改变人体形态的造型

服装造型不仅只是表现人体线条，因历史背景或社会环境及人们审美情趣等因素的影响，夸张或掩饰人体自然形态的造型也在服装中占有很重要的比重。

1. 夸张人体形态的造型

人体是由不规则的三维曲面构成的。当设计师在进行夸张人体形态的造型设计时，一定会强化某些曲面的特征，通过选用合适的服装材料来塑造出曲面弧度更大的服装形态，因此，服装材料必须要有很高的挺拔度，才能不在服装内添入填充物的情况下，撑出大于人体基本造型的其他空间来。针织面料由于其织造的特点，几乎不可能达到某些机织面料的那种硬挺度，所以针织服装造型是以人体基本形态为准，不易追求夸张的造型线条。

在 20 世纪以前，欧洲流行的绝大部分都属于夸人体造型，强调女性曲线的服装，那时的针织服装在欧洲只能存在于内衣或袜子等单品中，与机织服装相比都是处于配角的地位。现在休闲风的盛行，人们偏爱自然线条，针织服装由此才得以飞速的发展。"忠实于材料"这种设计理念就如同遵循事物的客观规律性一样。要让针织材质做出夸张人体形态的造型，如同让没有加弹性纤维的机织材质做出非常合体的服装一样不容易、不自然。如何运用恰当的服装材质来塑造人体形态，表现设计师的想法，是服装造型成功与否的基础，也是非常关键的一步。例如在最基本的 T 字裙的造型中，设计师几乎不会去选用针织面料，因为针织面料达不到裙摆能够自然张开的效果，达不到造型的最终目的。

2. 掩饰人体形态的造型

当在服装造型中强调中性主义即掩盖性别差异的时候，服装的轮廓线基本上是以直线和斜线为主的，此时服装造型的目的是为了掩盖或减弱人体的基本形态特征。在服装风格上来说，这样的服装是种中性风格的服装，男女皆宜的。例如在一战结束后，宽腰身的直筒形女装风靡了整个 20 世纪 20 年代，这种以简洁、朴素的直线型为特征的服装样式否定女性的曲线美，向男性看齐，这种造型被称为"男童式"；二战时期的马球领套头毛衫、平纹、马球领、嵌入式袖子和罗纹贴边造型式样，体现战争时期的简洁、方便和无性别化。这些都已经成为如今服装中的经典样式，也是现代设计师们进行创作的历史灵感之一。

三、针织服装造型的方法

任何服装的造型都离不开人的基本体形，离不开支撑服装的肩、腰、臀。服装造型的基本方法是改变肩、腰、臀的围度和形状，创造出新的领型、肩型、腰型、下摆，从而组合成新的服装造型。

造型结构包含了轮廓造型和细部造型两类，本书将就这两方面对造型的基本方法进行研究探讨。

（一）轮廓造型

人体着装后得到的正投影或侧投影（剪影）称为服装轮廓，而构成服装轮廓的边界线即为服装轮廓线。阿恩海姆在《艺术与视知觉》中提到了，"三维物体的边界是由二维的面围绕而成的，而二维的面又是一维的线围绕而成的。对于物体的这些外部边界，感官能够毫不费力的把握到。"服装的轮廓造型能给人以深刻的视觉印象，并在服装整体造型设计中具有重要地位。

轮廓造型的变化，体现在支撑衣服的肩、腰、底边、围度等几个部分。轮廓造型与人体相结合时，显示出肩、腰、臀的各自差别和变化，这些变化可以改变人体的基本形态。此外，服装材质对服装轮廓的影响也很大。针织服装和机织服装在轮廓造型上造型方法的异同，本书将从肩线、腰线和底边线这三个方面进行分析和比较。

1. 肩线

如果说服装是披挂在人体上的，那么肩部则是造型的第一个支撑点（无肩造型的服装除外）。肩线的变化对服装造型乃至造型风格的影响都是非常明显的。一般说来肩线柔和、自然，服装偏休闲；肩线硬挺、有型，服装偏职业。很多大师级的著名品牌都有自己延续的独特肩型，如意大利品牌阿玛尼从 80 年代到现在都保持着阿玛尼典型的偏中性的肩部曲线，服装的风格也一直散发帅气、洒脱的感觉；香奈儿品牌也同样有自己圆润、但有力度的肩线，柔中带刚的造型。所以，肩线常常成为一个品牌中标识性的特征之一。

针织服装的肩线造型与机织服装比较起来，显得柔和、自然，也无法做出一些机织面料所具有的挺拔、夸张的造型线条。故在进行针织服装造型设计的时候，设计师如果不考虑面料本身的特质就会做出不恰当的设计。

2. 腰线

腰线的变化分为束腰与松腰、高腰线与低腰线。束腰与松腰又分别称为 X

线型与 H 线型。针织面料由于其出色的延伸性，使得针织服装的腰线造型可以非常自然而且贴身，但 X 线型的收腰效果未必有机织服装明显，机织服装的下摆可以做得围度很大。H 型腰线体现的是自由宽松的造型效果。腰线的高低表现了服装造型上下长度比例的差别，使服装呈现不同的形态与风格。

在表现紧身型（即 X 型）腰线的高低位置及量感的分配，对强调造型具有重要意义。如迪奥在二战后推出的"新样式"，高挺的丰胸连接着束细的纤腰，用衬裙撑起来的宽摆大长裙，以及上紧下大的造型印象，就是典型的 X 型腰线的服装造型。这样的腰线造型给当时普遍穿着宽肩齐膝短裙的女性以巨大的震撼，随后受到了疯狂的追崇。在服装造型中，如果删去收腰设计，即为直线造型（H 型），在成衣中可表现出紧身直身、宽松直身的效果，加大下摆的宽度，上窄下宽时，即为 A 型（帐篷式造型效果）；若强调肩部的夸张性处理，下摆相应减小，上宽下窄时就成了 V 型。在由 X 型、H 型演化出的其他常见造型中，可以说腰线位置的设定、服装围度的把握，对服装外形变化的最终效果起到了决定性的作用。

3. 底边线

服装底边线的高低与宽窄直接影响到轮廓线的比例和整体效果。针织面料的悬垂性普遍要好于机织面料，故在针织服装中就不适合将底边线设计得很宽大。服装的底边线形状较肩线和腰线而言，可以设计得更加具有装饰性，如直线、斜线、波浪线、不规则线型等。针织服装相对机织服装，其底边线的变化主要以横线条为主，当利用平纹针织物做下摆的时候，还可以出现卷边的特殊造型。但无论是底边线、肩线还是腰线，在其各自的变化中，还要与另两者相互统一，共同形成最终的造型效果。

（二）细部造型

细部造型通常是指服装领型、袖型、口袋、门襟等部位的造型。细部造型对服装的整体造型有直接的作用，是一种局部和整体的关系。由于针织面料的脱散性、卷边性等缝制工艺方面的弱点，在针织服装的领口、袖口、下摆和门襟等边口处常采用一些与机织服装不同的特定的设计方法和造型手法，既具有功能性又有针织服装独特的装饰性能。

在此，本书选择了在细部造型中扮演着重要角色的衣领和衣袖进行分析和研究。

1. 衣领造型

衣领分为无领型和有领型两个部分。无领型又称为领线，是指依照颈部的弧线所裁剪的襟线。领线是衣领的基础，既可与领子配合构成衣领，也可单独成为领型。无领型根据其开口大小和形状的变化，可以分为一字领、V 形领、圆形领和方形领等。如根据领线上工艺修饰的不同，又可分为滚边领、贴边领、饰边领和折边领等。有领型也称为领子，是指衣服包围脖子周围的部分。领子根据其形状的大小或高低而有所变化，分为了立领、翻领、坦领和驳领等。

2. 衣袖造型

衣袖造型包括袖窿和袖子两个部分。衣袖造型由各种形态的袖窿、袖山、袖口、袖形等构成。衣袖的分类方法较多，本书在此按照袖子装接方法的不同分为了连身袖、装袖、插肩袖和肩袖四类。

综上所述，领型、袖型作为针织服装造型的重要局部结构，其类型和样式对服装的造型起着相互协调、相互衬托的作用，是一种局部与整体的关系。局部造型设计可以大大的丰富服装整体的造型语言，在满足其服用功能性的条件下，具有一定的装饰性作用。

四、影响针织服装造型的因素

（一）材料

材料是服装设计的第一语言，是服装造型设计的物质基础，它在设计中对思维起着重要的导向作用，设计创意与灵感最终要通过材料来实现。针织材料造型不仅作为针织服装款式的物质支撑存在，同时是非常重要的造型方法之一。针织服装由纱线导入，编织方法多样化，工编织则更加灵活，因此，以材料造型设计作为最主要的服装造型设计，针织服装是最为合适的。这种材料造型设计方法可以很好地解决针织服装造型设计遇到的瓶颈问题，通过材料造型的创新，可以有效地拓展设计方法，增强服装的艺术感染力，同时又能激发设计师的创造灵感。从针织材料造型的内容看，主要包括针织纱线造型、针织组织结构造型、针织面料二次造型这三种造型设计方法。

（二）衣片

衣片造型是针织服装造型的内部结构。针织服装的衣片造型是由不同的结构线分割而成，结构线是在二维平面上进行三维立体曲线造型，收去余量的一种手段，结构线可以根据人体曲线变化而进行分割，也可以是不完全考虑人体的形态特征，而是与时代、思潮紧密结合，探索新的服装与人体之间的关系。运用结构线本身的不同来处理面料，以此裁剪出不同形状的衣片，这样的衣片经成衣化处理后，将改变人体的自身形态，达到造型和比例的理想化。

（三）轮廓

针织服装的轮廓造型是人与服装共同构成的整体外型，是服装造型的基础，摒弃了各个局部的细节、具体结构，充分显示了服装的大效果。轮廓造型作为针织服装造型中最显而易见的因子，对整体的服装造型影响非常大。

第二节　针织服装造型设计——材料

针织材料与针织服装造型的关系，正如同建筑材料与建筑造型的关系。

可以看到材料是设计的物质承载，对设计起着非常重要的导向作用，在针织服装造型中，将与之相关的材料造型分为针织纱线造型、针织组织结构造型和针织面料二次造型。

服装更像是材料在人体上自然地生长，由材料堆积而形成的整体造型，这种方法削弱了服装款式在造型中的作用，而突出了材料本身。所以，设计师必须善于发现材料本身所具备的形象风格和内在特质，以最敏锐的眼光进行材料的选择，最独到的方式对材料进行处理。

一、针织纱线造型

针织服装的造型原理不同于其他材质服装，它是从"线"导入，通过"线"可以直接获得"体"，也可以从"线"到"面"再到"体"，简单地说，针织设计师是边设计面料边设计服装，而其它材质面料的设计方法说到底是"面"与"面"，"面"与"体"的关系设计，所以，在这个设计过程中，设计师首先要从选择纱线开始，纱线的质感、细度、硬度、强度等各方面性能都影响了针织面料的造型，从而影响了整个服装的造型，纱线是针织服装造型设计的开始。

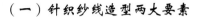

（一）针织纱线造型两大要素

针织纱线是针织服装最基本的元素，从影响针织服装造型的因素来看，针织纱线造型的两大要素包括内在性能和外观结构，这关系到针织服装的款式特征和服用性能。纱线日新月异的变化发展给了针织服装很大的提升空间，从当今纱线的发展趋势来看，主要包括四方面：环保性增强，健康性提高，功能性增多，时尚性提升。

环保性增强主要体现在纤维本身的环保性和对废料回收利用上，如竹炭纤维，大豆纤维，咖啡纤维等，另外也体现在改善纱线的服用性能上，如提升纱线的易染性，这样可以节省染色及后整理的水、电、汽和染化料等。健康性提高是指纱线对于人体有益的功能增多，如吸湿排汗、防紫外线、异味控制、呵护皮肤细胞、抑菌防霉等。功能性增多主要是指纤维的阻燃性、调温性、导电性、蓄电性等，这些功能可以在不同的场合起到各自的不同功效，从而达到保护人体的作用；时尚性提升主要是指纱线具备更好的造型性，布面组织更加丰满，色泽更加亮丽等，这些特性使针织服装拥有更多的发展创新空间，极大地满足了消费者多元化、个性化的需求。近几年，纱线内在性能和外观结构都有了明显的变化，这给针织服装造型设计提供了更多的可行性。

（二）针织纱线性能

纱线从字面上看，也就是包含了"纱"和"线"两部分，"纱"是将许多短纤维或长丝排列成近似平行状态，并沿轴向旋转加捻，组成具有一定强力和线密度的细长物体；而"线"是由两根或两根以上的单纱捻合而成的股线。一般来说，"线"要比"纱"更粗，强度也更好。

这里所说的针织纱线的性能是从原料角度出发，纤维原料构成给予纱线的质地性能。不同的纤维性能、纤维结构以及不同的加捻方式会形成不同的纱线性能，针织纱线的性能包括纱线的粗细、软硬、结构、基本力学性质、热学性质、电学及磁学性能、光学性质和服装性能等。这里主要讨论的是与针织面料的形态相关的一些特性，如纱线的细度、柔软度、拉伸性等。纱线的细度或粗细通常用间接指标——线密度表示，因为纱线中具在不同层次的缝隙和孔洞，纱线的横截面不规则并且容易变形，纱线的线密度是纱线最重要的规格特征指标之一，因此，针织纱线的细度直接影响针织面料的厚薄、重量、硬挺度、耐磨性及外观。在其条件不变的情况下，纱线越细，面料就越薄，硬挺度和耐磨性就越差，反之，面料就越厚重，硬挺度和耐磨性就越好。针织纱线的硬度取决于组成纱线的纤维材料，纤维结构、加捻方式、纱线结构等因素，纱线的硬度关系到组织结构的选择，也直接影响面料的挺括性。纱线的拉伸性取决于纤维本身的性能以及纱线的结构，大部分针织面料的弹性来自其本身的线圈形成的，一般针织面料的横向拉伸可达到 20% 左右，如果纤维本身就具有弹性，那就能够增强针织面料的拉伸性尺度，给针织服装造型提多的创意空间。

（三）针织纱线结构

针织纱线结构影响着针织面料造型，进而影响针织服装的造型。具有特殊结构的纱线也就是花式纱线在针织行业中应用得非常早，也很广泛。花式纱线的不同结构使其具有普通纱线所没有的造型感，同时也形成了独特的风格，为针织造型设计提供了更多的创意可能。近几年，大肚纱、彩点纱、结子纱、圈圈线、灯笼线、辫子线、带子线等各种风格的花式纱线，在针织服装中运用极为广泛，一部分纱线可用于机器织造，另一部分只能用手工编织。

不同的纱线结构对编织的工艺有不同的要求，所形成的面料也呈现出多姿多彩的形态，这也使针织材料造型更加丰富。手工编织比较灵活，对选择纱线的局限性小，且具有较高的艺术性，编织周期短，变化多，品种多，使用花式纱线进行手工编织，可以利用纱线本身的结构塑造出造型感极强的针织面料，通过不同的编织手法，不同的服装结构，形成各种艺术感极强的针织服装造型。通过手工编织的灵活性也可以随时通过收放针和编织密度的控制，使针织服装具有较强的造型感，更显别具一格。

花式纱线在横机上的应用也非常多，大部分花式纱线都可以在横机上进行织造，不同的花式纱甚至可以同时混合使用在同一件服装上，为针织面料提供了各种不同的肌理感。另外，还可以通过对纱线进行二次设计来达到设想的服装造型及肌理效果，比如可以将多股纱线合并使用以达到理想的粗细程度；先对原始纱线进行一定方式的编织，再进行针织服装的创作，结合其它材料（布条、珠片等）进行编织，也会出现一些意想不到的造型效果。

二、针织组织结构

组织结构在针织服装中担任着面料造型的重要角色，是整件服装设计的基础。针织组织结构造型很大程度上依赖于针织机器的性能，随着针织服装向外衣化、多元化和个性化发展，针织机器所能编织的花型也越来越丰富，越来越往半立体方向发展。STOLL 电脑横机的更新换代，使针织组织结构越来越丰富多彩。

从中国针织行业的大部分成衣设计情况来分析，由于复杂组织结构不易操控，设计师不懂工艺等情况的存在，被开发出来的大部分机器能做到的组织结构没有进入市场，只停留在了研发机构和少量针织企业中。就目前来看，我国拥有 STOLL 机的针织企业很多，但普遍没有用出机器在组织结构设计上的强大功能。

手工编织比机器编织更加灵活，在纱线选择上，手工编织甚至可以选用非服用材料作纱线，而组织的织编也更加自由。瑞典设计师桑德拉·巴克伦德善于将建筑造型引入针织服装造型设计中，纯手工的针织服装，运用不同的材料和组织结构，针织纱线经过她的双手之后，像魔术般塑造出了非常夸张的造型。这种针织服装造型已经超出了服装与人体的关系基础，而是成为一种时尚但可穿的艺术品。在桑德拉·巴克伦德作品中，看到了针织材料以及其编织工艺对于针织服装造型的重要性，它甚至可以凭借材料造型，忽略服的结构，从而达到具有强烈视觉冲击力的针织服装造型效果。

针织服装的组织结构造型是整件服装造型的基础，是纱线经过一定的编织原理形成的面料造型，不同的编织原理和方法可以形成各种肌理效应，平坦、凹凸、网眼、卷边等极其丰富的外观，是形成了针织服装不同于梭织服装最大的一个特点。针织组织结构的三种造型体现在以下几点。

（一）凹凸组织造型

凹凸组织造型是针织组织结构中最常见的一种外观组织造型，它是"由于线圈的配置方式不同，形成织物表面规则或不规则的凹凸效应"。凹凸单元的构成和分布会形成丰富的图案，立体感强，手感丰厚，是种非常新颖别致的肌理表现手法，能很好地展现针织面料半浮雕感的立体造型效果。

（二）网眼组织造型

网眼组织造型是织物在编织过程中，某些线圈因为被移开、拉伸、脱掉等，织完下一行后，在原来形成线圈的部分显现出孔洞的组织造型。这种组织造型是针织服装所特有的，孔洞的大小、排列的方式会构成形态各异的图案，增加了织物的层次和虚实变化，同时使面料本身具有一定的立体感。网眼效果还能使人体局部裸露，不经意间流露性感。

（三）卷边组织造型

卷边组织造型是针织服装特有现象，它的形成是由于纱线在成圈时成空间曲线，线圈中弯曲线段所具有的内应力力图使线段重新伸直造成的，沿线圈横列从正面卷向反面形成横向卷边，沿线圈纵行从反面卷向正面形成纵向卷边。卷边效果是针织面料所特有的个性，但也不是所有的针织面料都具有卷边性，这种特性既是优点也是缺点。如何运用卷边性，使针织服装出现其他服装所无法具备的外观效果，也成为现在针织服装造型设计中的方法之一。

综上所述，针织组织结构是针织服装独具魅力的地方，它使针织服装如同纤维艺术品，线与针经过复杂而有秩的编织，形成了千变万化的组织结构，这种视觉和触觉上的肌理感受是其它材质服装无法比拟的，同时不同纱线，不同组织结构所形成的针织面料造型是全然不同的，这影响了针织服装的造型表现尺度。

组织结构不同，形成的针织面料就完全不同，它从两方面影响着针织服装的造型。首先，不同的组织结构所形成的面料性能不同，如面料的弹性、挺括性、悬垂性等，这些性能与针织服装能否达到设计时想要的造型效果有直接关联。其次，针织服装在造型上的创新，很大程度上依赖组织结构肌理感上的创新，组织结构相当于梭织的面料再造，不同的组织结构所形成的外观效果是全然不同的，针织组织结构可以增强服装造型的表面肌理感，还能够开阔设计师的视野，激发设计师的创作灵感，并从这种特殊的面料肌理中提炼风格元素，把现代针织服装的造型设计推向更为宽广的领域。进行针织组织结构设计时，必须对各类组织结构的编织原理及特性都了如指掌，再结合针织纱线的质地和结构、服装的款式、色彩等因素，才能设计出好的针织服装作品。

三、针织面料二次造型

针织面料二次造型可以改变面料原本的特征和形态，从而改变或丰富针织服装造型，给予消费者更丰富的视觉效果和多元的着装体验。针织面料二次造型包括对针织面料本身形态的改变如装饰性、压皱等，可以是在针织面料上加以装饰来丰富面料表面的视觉效果，也可以通过对针织面料进行破坏性的改变来达到二次造型效果，当然也可以与其他面料组合或重叠来改变面料性能。这几种不同的面料二次造型方法都能从一定程度上改变针织面料原本的特征，从造型角度看，与其他面料组合或重叠的方法对针织服装整体造型的影响最大。针织面料线圈结构使得它与其他材质面料在性能上有本质的区别，在服装的造型上有各自不同的优势。线圈结构造成了针织面料非常良好的弹性，使之拥有其他面料不具备的适形性，针织面料可以在零放松量甚至于负放松量的情况下，依然可以令穿衣者感觉舒适，活动自如。这种特性可以完全展现自然的形体美，与其他材质面料形成一种造型上的对比。

随着科学技术的发展，针织面料与其他材质面料组合的各种方式都成为现实，如何更好地使针织面料和其他材质面料在服装上进行组合设计成为新的趋势，也是针织服装设计重要的手段和方法。在当下的服装中，针织与其他材质面料组合的服装案例也非常多，通过这种方式，可以很好地解决针织面料本身存在的一些局限性，不同面料的在光泽度、肌理感、挺括度、厚薄度等各个方面都会有明显的差别，因此，这种方法可以非常好地丰富针织服装的造型，增强服装的艺术感染力。针织面料与其他材质面料组合设计使服装设计从单一材料到多种材料，单一方式到多种组合方式为设计师提供更多的想象空间，为消费者提供更丰富的着装效果。

（一）针织面料加法型二次造型

针织面料的加法型二次造型设计主要是通过对针织面料进行表面装饰，即是指对物品表面添加某些饰物，使其得到美化，以服装作为对象，装饰则是对服装进行点缀，使之达到修饰美化的作用。针织服装的面料特别是针织毛衫在内结构造型上，不宜使用过多的分割线和缝缉线，所以装饰显得格外重要，它可以在现有的针织服装造型之上，通过羊毛毡装饰、刺绣、钉珠、绳编和其他小元素的装饰，可以突出服装的整体风格，丰富服装的材质，增强针织面料表面的造型感，同时强化服装设计中的视觉焦点，甚至可以通过量的堆砌，达到局部造型的体积感，从而完全颠覆针织服装的整体造型感。装饰的主要手法有羊毛毡、刺绣、钉珠、绳编和其他小元素的装饰，这里进行分类阐述。

1. 羊毛毡装饰

羊毛毡由羊毛制作而成，是至今人类历史记载中最古老的纺织品，根据其成形原理，它属于非编织类织品形式，其纤维结构可紧密的缠结在一起，故可以不通过编、缝纫等加工工艺，可完全一体成形。这种装饰手法近年来非常流行，羊毛毡可染成各种色彩，所用到的工具非常少，通过纯手工制作即可。制作时只需用羊毛戳针将铺好的毛条戳扎实，直到毡化即可。羊毛毡可用于针织面料的装饰也可拼接针织面料与其他面料，形成无缝连接，完美过度。

2. 刺绣装饰

刺绣是指以一定的图案、色彩为基准，用针将纤维材料缝制在面料上所构成的一种装饰手法。刺绣是针织服装中非常重要的装饰手段，手工刺绣更是能创造出丰富的视觉效果和非常立体的肌理效果。

3. 钉珠装饰

钉珠是针织服装中最常用的装饰手法之一。这种方法一般选择在针织服装重要的部位，如领口、袖口、腰节、下摆等位置进行点缀，根据点、线、面的不同排列方式或者一定的图案选择珠片进行装饰。通过钉珠这种装饰手法，可以使一件普通的针织服装焕然一新，更加彰显出高贵、优雅的女性之美。如一件非常简单合体的针织连衣裙，衣片左边钉满了圆形的珠片，并在上面印上针织的纹样，与右边纹样形成呼应的同时，但光泽感更强，这与右边的针织亚光效果形成对比，从而达到造型效果更立体，整件服装也显得更具动感。

4. 绳编装饰

绳编装饰是指使用各种不同的材料所编结出来的绳带，通过不同的结合方式，有些经过再次编结，有些则是直接利用毛线编织而成，固定在针织服装上。这种装饰有时也具有一定的收缩拉紧功能，使服装产生褶皱的装饰效果；如果将绳带作为滚边和镶边，则起到减少针织面料弹性，固定针织服装廓型的作用。绳编装饰可以创造出特殊的纹样、质感和局部细节，能增添针织服装的层次感和韵律感，是获得装饰美感的有效方式。如一件款式相对简单的针织上衣中，采用网眼组织结构的同时，在镂空处穿入圆环，将纱线在圆环上进行编织，清新淡雅的色彩加上镂空的组织，再搭配上绳编装饰，使整件衣装如同一件纤维艺术作品般轻盈、飘逸，凸显了女性的柔美之感。

5. 小元素装饰

小元素装饰是指采用服装一些部件，如钮扣、拉链、蝴蝶结、荷叶边、立体花卉等元素对服装进行装饰。钮扣、拉链装饰可以将功能性和装饰性有机结合，钮扣作为"点"在服装上出现，可以把人的视线分散，给人一种新奇的感觉，而拉链的使用在针织这种软性材料的服装中，为服装增添了一份独特的机械美学的魅力，同时又具有很强的装饰感。

蝴蝶结是女性的优雅最合适不过的装饰手段，而荷叶边则是女性浪漫情怀最好的表达。轻柔的荷叶边因它的秀丽、飘逸、灵动和甜美的特质，成为每一季针织服装不变的时尚元素。荷叶边装饰效果具有较强的立体感，层次多而集中，随着人体的运动，还会形成一定具有动感的体量，影响整件服装的造型感。

立体花卉装饰是指采用各种面料或其他饰物加工而成形态优美的立体花卉，根据设计的需要，在针织服装的关键部位甚至是整服装上进行排列组合，形成视觉中心。立体花卉千姿百态，大小各异，各具特色，它在针织服装中的作用不容小觑，多用来表达女性的柔美和浪漫，同事也增强了服装的艺术感染力。

（二）针织面料减法式二次造型

针织面料的减法型二次造型设计主要是通过对现有面料的分解，剥离原有面料的部分或整体的形态，使之呈现出一种残破的美感，这种面料二次造型方法有磨损、剪除、撕裂等，在针织面料中，烂花的工艺手法可以使原本的针织面料展现出新的审美情趣。如烂花的工艺手法使上衣变得更加轻薄，肤色透过服装隐约可见，烂花形成的图案使款式相对简单的上衣更显丰富。

（三）不同面料组合二次造型

针织的脱散性使针织服装不宜做过多的分割和拼接，虽然现在随着技术的发展，针织的脱散性也有所克服，但是过度使用裁剪手法是不尊重对针织本身性能的表现，同时也造成了材料的浪费。这就使针织服装在衣片造型上趋于单调，所以，在针织服装中常以结合其他材质面料的造型方法，以此来丰富针织服装的造型设计。梭织作为服装设计中运用最广泛的面料，在造型上有其独特的优势。梭织面料相对针织面料来看，它的结构稳定，适合各种裁剪方法，它的挺括性较好，可以塑造出具有空间感的外廓形；皮草作为针织面料的绝佳搭配经常出现在针织服装中，它柔软、温暖，手感有如丝般滑润，无需雕琢便散发着尊贵奢华的气质，它具有天然的体量感，通过剪毛、激光、压模等工艺，皮草能达到不同的造型效果。皮革具有与人体天然的亲合性，并伴有一定的弹性，卫生性能好，面料本身比较挺括，造型性强。皮革在服装造型上与梭织材料有一定的相似性，通过裁剪、压花、激光等工艺，可以塑造各种轮廓的服装造型。无纺布质轻、柔软、无毒、透气以及它的抗菌性和环保性使之成为近年最流行面料之一，它没有经纬线，方便裁剪和缝纫，而且容易定型，它可以薄如蝉翼，也可以厚重如毡。但无纺布作为服装面料而言，清洗易变形是最大的难题，所以它很少作为成衣面料进入大众市场，一般作配饰、粘合衬为主，但无纺布的塑形性极强，可在特殊服装中使用，如礼服，演出服等。

1. 透叠式

透叠式组合方式是指将其他材质面料覆盖于针织面料之上，或是针织面料覆盖于其它材质面料之上通过面料的镂空或透明度使两种或两种以上面料相互映衬，使一件服装达到丰富的双层表皮的透视效果。服装可以通过两种不同面料完全叠加的方法，利用不同面料的不同性能和表面形态，形成了空间层次上的强烈对比，丰富服装的视觉效果。

2. 拼接式

拼接式是指将针织面料与其他材质面料进行拼接，这种方法与透叠式不同之处在于，拼接式中的其他材质面料参与了部分服装结构。拼接式可以充分利用各种不同面料的特质，对服装衣片造型进行分析，创造出不同的轮廓造型，这种方式的难度较大，特别是在衣身处进行拼接设计，需要充分考虑人体的曲线，面料的浮余量，拼接的工艺等各种因素，同时在选择面料时也要对其弹性量，弹性方向，缝线弹性等因素都有周全的衡量。如上半身以针织为主，下半身的裙片则拼接了透明无纺布材质的连衣裙，这种面料的挺括性使裙摆向外扩张形成了 A 字裙，使整个服装造型更甜美可爱。

3. 复合式

复合式是指将一层或多层纺织面料与针织面料部分或者完全经粘结贴合而成，形成不同于原来的针织面料形态的新面料，这种方法可以改变针织面料的塑形性。复合式面料使原本柔软的针织面料具备了较好的挺恬性，整件服装造型简洁而大气。

第三节　针织服装造型设计——衣片

针织服装衣片造型设计事实上也就是服装的结构设计，结构对于服装造型的重要性，正如同建筑中通过对空间的分割和结构来达到建筑整体的造型一样重要。建筑是为了满足居住的使用功能和视觉、触觉上的美感，而服装衣片造型则符合了人体的形态，满足了人体的功能，同时又给人以视觉上美的享受。

针织衣片造型是研究服装与人体之间的关系，是人体与服装形成不同的内空间的原因所在。针织衣片造型是在人体这个支架上进行空间创造的活动，通过不同的结构线对服装进行分割处理，使其达到修饰美化人体的作用，同时对人体不同的缺点进行一定的遮掩。

一、针织服装衣片造型类型

（一）常规衣片造型

针织服装的常规衣片即平常所指的衣原型，这里所指的常规衣片造型，包括上半身原型、下半向原型（裙原型或裤原型）、袖原型、立领原型以及利用同一个原型根据着装状态和面料厚度的不同，分别加入不同松量来绘制的衬衫、外套、大衣等。由此得出，针织服装的常规衣片造型设计主要在于针织材料造型设计。

（二）非常规衣片造型

针织服装的非常规衣片造型设计主要是指基于社会大众所公认的服装常规衣片约定俗成的形状和组合方式之外，对原本的服装结构关系、穿着方式以及穿着的人群定位提出质疑，根据人体的三围比例关系、人体的运动规律等因素，对这些常规衣片包括上衣前后片、袖片、裤子前后片、裙片进行延伸、分割、叠加、折叠、错位等手法，从而达到针织服装结构造型上的创新。

（三）特殊衣片造型

针织服装的特殊衣片造型是指从最基本的几何形状出发，通过较少的缝线、挖洞、分割等方法，研究一块或是多块针织面料与人体之间的关系，特殊衣片造型改变了服装内外空间的围合度，空间不再依附于人体的自然曲线特征，而是强化空间自身的可变性和流动性，人体与服装之间形成了非常有趣的"间"，这正如建筑师隈研吾在建筑设计中所强调的"隙间"，他认为"物与物挤在一起、没有缝隙的状态，会产生窒息感，更重要的是难以应对环境、状态及使用方法的变化"。隈研吾擅长使用木材、竹子或是石头等自然材质，在留出隙间的前提下建造建筑物，使建筑重获自由，他将隙间定义为自由。而在山本耀司设计的服装中，同样存在着"间"这个相通的点，这与西方服装强调人体曲线的合体裁剪是背道而驰的，他的设计一定会让空气在身体和服装之间微妙地流动，使人体重获自由。这两位日本设计师不约而同地对"间"进行了思考，并将之运用到各自的设计领域，如果隈研吾的建筑可以称之为负建筑，那么山本耀司则是通过服装模糊了人体本身的曲线，将一部分空间置入服装与人体之间，构筑了人体与服装、服装与环境之间的和谐共融。特殊衣片造型正是在这样思考下，从衣片造型这个最直接的角度入手，希望建立针织服装与人体、空间三者之间互动多变的关系。

从针织工艺角度来看，针织材料以及其编织工艺决定了针织服装造型的特点，服装结构尽量以简洁、流畅的直线、斜线或曲线来表现，同时，衣片的数量也尽量少，所以特殊衣片特别适合针织服装的造型设计。另外，特殊衣片造型多是比较简单的几何形状，比如圆形、长方形、三角形等，这可以较为容易地织造出来，但这种衣片通常比较大，所以在设计的同时，要考虑机器能织出的最大宽度。总体来说，特殊衣片设计方法突破了传统的针织服装造型设计习惯，提供了新的设计思路，使针织服装造型设计呈现出更多的原创性。

二、针织服装衣片造型设计

（一）非常规衣片造型

非常规衣片造型设计在梭织服装设计中，已经得到广泛的应用，但在针织服装造型设计中，这种方法相对应用较少，这里可以借鉴梭织服装非常规衣片造型设计的方法，同时要考虑针织材料以及其编织工艺所决定的针织服装造型的特点，服装结构尽量以简洁、流畅的直线、斜线或曲线来表现，所以，即使在非常规衣片造型设计时，也要尽量避免过于复杂的分割线。下面对五种针织服装非常规衣片造型设计方法进行一一阐释。

设计方法一：通过延伸的方法，使针织服装常规衣片的轮廓变成设计时需要达到的形状，延伸的余量在人体上形成悬垂效果，或是将延伸的量与其他衣片结合，增强服装的层次感。

设计方法二：通过分割的方法，将针织服装常规衣片的省道进行转移，使针织服装收掉多余的量，同时使各部位之间、部位与整体之间产生节奏感，增加了服装的装饰效果。分割的方法有很多种，可以是横向、纵向、斜向、弧形分割，也可以根据设计的图形进行分割。

设计方法三：通过叠加的方法，将两个或两以上不同部位、不同功能的衣片进行组合，出现完全不同的着装效果；也可以是将同一部分、同一功能的衣片，对其轮廓做一定的改变，然后将其重叠，这一方法可使原本的服装增强层次感和错位感。

设计方法四：通过折叠的方法，使服装有一定的放松度，而不像省道那样合体，折叠静态时收拢，动态时张开，更富于变化和立体感，它既可满足人体活动的需要，又多了一种自然、飘逸的装饰效果。

设计方法五：通过错位的方法，使衣片偏离常规的位置，可以是以衣片某一边为圆心进行旋转，也可以是不同部位的衣片位置进行互换所形成的衣片造型效果。

（二）特殊衣片造型

针织服装的特殊衣片造型，可以理解为解构一种，在这里解构事实上是消减，是完全打破服装常规衣片的造型、衣片之间的组合方式以及衣片与人体的关系，对常规衣片的结构进行彻底地颠覆。针织材料以及其编织工艺决定了针织服装造型的特点，服装结构尽量以简洁、流畅的直线、斜线或曲线来表现，同时衣片的数量也尽量少，所以特殊衣片特别适合针织服装的造型设计。

特殊衣片造型设计的方法主要有挖洞、缠绕、分割这三种。

设计方法一：通过挖洞的方法，使人体的头、手臂、腿从洞中伸出来，这样一来衣片基本可以固定在人体上，衣片随着人体的变化而出现新的外形。

设计方法二：通过缠绕的方法，可以使衣片不缝合、无接缝地缠绕在人体上，这种方法的针织服装结构简单，穿着随意，但缺点是容易脱散，因此，一般需要以人体的凹凸部位作为支点，并结合其他衣片造型方法进行固定。

设计方法三：通过分割的方法，在简单的几何衣片上进行分割，根据设计的需要改变部分造型，丰富整件针织服装的造型。

第四节　针织服装造型设计——轮廓

针织服装的轮廓造型是人体与服装共同构成的整体外型，人体的形态是针织服装轮廓造型的根本，轮廓造型则是摒弃了各局部的细节、具体结构，充分显示了服装的整体效果。轮廓造型作为针织服装造型中最显而易见的因子，在服装史的变迁中扮演着最重要的角色。服装轮廓造型最服装造型中最具时代感的因素，它随着社会政治、经济、文化等不同方面的信息而呈现出不同的造型特征。针织服装的轮廓造型以字母表示法最为常见，如 A 型、X 型、H 型、T 型、Y 型等。

一、针织服装轮廓造型分类

（一）常规轮廓造型

常规服装轮廓造型指的是基本与人体形态相吻合的轮廓造型，如常规衣片造型所形成的服装轮廓造型，一般属于常规轮廓造型，一部分非常规衣片造型和特殊衣片造型所形成的服装轮廓造型，如果基本与人体形态相吻合，也属于常规服装轮廓造型。所以常规服装轮廓造型设计方法一般从针织材料造型和衣片造型设计入手考虑。

（二）非常规轮廓造型

非常规服装轮廓造型是指不完全以人体形态为基础，对人体的局部形态进行夸张后造型。它的造型可以突破常规人体形态，同时又对人体形态起到隐蔽、模糊、减弱或者强化的作用，在达到人体美的同时，也注重服装造型之美的双重目的。

（三）特殊轮廓造型

特殊服装轮廓造型是指从设计之初，就基本抛开人体本身形态，以纯艺术的角度来思考服装造型。这种设计方法容易打破固有的服装轮廓造型，从自然或艺术中汲取养分，往往会创造出意想不到的服装轮廓造型。

二、针织服装轮廓造型设计

（一）非常规轮廓造型

非常规服装轮廓造型是指在常规服装轮廓造型的基础上，运用夸张和强调的设计方法，使服装在符合人体形态和功能的前提下，更多地重视服装作为艺术本身的价值，它的造型可以突破常规人体形态，同时又对人体形态起到隐蔽、模糊、减弱或者强化的作用，通过对服装局部进行夸张或强调，多维度，多视角地进行针织服装造型设计。

非常规服装轮廓造型设计方法为针织服装设计打开了新的局面，从而一改针织服装给人的传统印象，使其造型更具形式美感，达到人体之美和服装之美的双重目标。本书从常规的服装轮廓造型出发归纳出两种非常规轮廓造型的方法。

设计方法一：以人体的形态为基础，运用夸张和强调的设计方法对局部造型进行变化，使这个局部成为整件服装的视觉中心。这种方法相对适用于针织服装的局部轮廓造型。

设计方法二：在原有相对常规的几何轮廓造型（梯形、长方形、椭圆形、多边形等）基础上，通过改变几何形状的大小比例，或进相互组合来得到新的轮廓造型。这种方法比较适用于针织服装的整体轮廓造型设计。

（二）特殊轮廓造型

特殊服装轮廓造型设计方法更接近于艺术造型的方法，设计师的关注点已经从人体形态转移到了服装轮廓造型本身，人体的曲线已经不再是服装轮廓变化的依据，而是指从自然或艺术中汲取养分，表达设计师内心对于艺术的理解。

特殊服装轮廓造型设计方法有两种，下面分别加以阐释。

设计方法一：自然是设计的本源，从人与自然共处中发现自然的力量。自然界中，各种形态的物体都有各自的魅力，设计就要从自然中汲取养分，为己所用。大到时令给人心灵空间上的感受，小到一个果实、一朵鲜花的内在结构给人的灵感启发。如果以四季为例，可以尝试从四季给人的不同空间感受开始创作针织服装的轮廓，新绿初探春，万物夏争荣，落花实秋成，冬雪尽灭踪，春天是一个富有生命力的季节，也是一个美丽、神奇、充满希望的季节。春天到了，各种绚丽的花朵都开放了，都是那么绚丽夺目，因此，春的空间应该是带有由内而外滋生的张力的空间，反映在服装上则是表现为内结构张力和外结构的束缚感，仿佛有一种滋生的强大力量去挣脱冬的枷锁，它需要生长，它需要唤回世界的生机；夏是异常繁茂的，草木特别茂盛，给人们撑起了一片浓浓的绿阴。它又是极其炎热的，仿佛一点星火就会引起爆炸似的。因此，夏天是最具活力和奔放气息的，它在服装空间上可以体现为外结构的夸张和奔放，大体量、大廓型、立体感极强；秋往往让人联想到雨，它飘落着，细细的，密密的。秋有时也是白色的，是那种不带有一丝纤尘的纯白，"蒹葭苍苍，白露为霜，所谓伊人，在水一方"，因此，秋的空间意向是萧瑟的，它反映了内外结构的自然悬垂感，没有力度，但自然怡人；冬是与众不同的，整个空间应该是比较瘦的，突出的空间点也会比较小而散，这样的针织服装可能是小廓型，微对比，肌理上也会偏向于起伏较小、较整体的外观效果。这种设计方法的思考过程较为抽象，需要对选取的灵感源进行比较深入地挖掘和思考，然后找到它与针织服装造型相通的点，进行分析、梳理、设计。

设计方法二：从建筑、雕塑或其他艺术品等极具体积感和空间感的艺术作中获取灵感。首先去寻找能够触动内心的艺术作品，再可以使用图片变形、拼贴、组合等办法，对服装廓型进行大胆创意，其次根据人体的比例，个人审美的标准以及对色彩、面料、装饰等进行综合考虑，对眼前的"型"进行调整，使之符合人体的穿着与活动需求。这种设计方法要求设计师具备非常好的空间想象能力，像建筑设计师那样去考虑问题，构建廓型，再按照现实的各个条件、按审美比例去调整，最后进行装饰。

第七章　针织服装之立体肌理设计

第一节　立体肌理的理论考察

一、立体肌理的认识

（一）立体肌理概念

关于"肌理"一词，词典释之为"皮肤的纹理"。在服装设计领域，肌理被定义为"服装产品形象表面所具有的纹理效果"，它既可指服装材料本身的性质、特征和质感，也可指材料在织造加工时或服装在造型设计中产生的外观形态。

服装材料的肌理设计就是在原来的主面料和其他辅面料的基础上，采用不同的方法对其进行立体体面的重新创造和改良。通过改良，综合颜色、材料质地、空间、光影等因素，使原来的面料在表现形式、肌理和质量感觉上发生较大的变化，有的甚至发生质的改变。这样的再造改良使原来的面料表现的形式更加丰的富多彩，用一种创新的、更加自由的表现形式诠释了时尚潮流理念，同时拓宽了设计师在选择材料时的使用范围和设计空间，面料肌理的创作也成为服装设计师创作的重要表现形式。服装面料所表现出来的美感主要表现在面料的肌理上，肌理是通过人们的触觉体会到的一种不同的心理感受，比如粗糙与顺滑；柔软与坚硬；轻与重等。面料肌理给人们带来的视觉感观不仅能丰富服装材料的表现形态，还能传达一种动态的、创新性的审美特点。因此，通过服装面料立体肌理的选择和运用，能够更准确地表达设计师的及设计理念。

（二）立体肌理构成元素

服装面料肌理的构成元素主要表现在三个方面。

1. 材质元素

服装面料的材质不同是构成服装面料肌理的构成元素之一，例如服装面料的触觉肌理主要就是由材质元素构成的，还有视觉肌理的体现也会受相应的材质元素影响。如棉纤维柔软有天然扭曲；麻纤维粗糙硬爽；羊毛纤维柔糯并有天然卷曲等。这些质感都有助于针织面料产生各种风格的立体肌理。这就要求服装设计师应根据设计意图选择原料，如棉、麻纤维适合用于表达清新、古朴的风格；毛纤维适合用于表达优雅的风格等。

2. 线型元素

线型元素是构成服装面料肌理的又一重要元素，服装的线形粗细和线形走向会对服装面料肌理形成重要影响，例如线形较粗就会使面料肌理更加粗糙，线形走向的较为分散，就会使面料肌理较为细腻。

3. 薄厚元素

服装面料由于其自身的材质组织结构不同，薄厚状况也不尽相同，薄型组织的服装面料肌理更为柔软，而较厚的服装面料的肌理则更为硬朗。

二、立体肌理类别

立体肌理非常广泛地分布于现实世界中，一般被划分为两类，具体表现如下。

（一）自然肌理

材料自身的肌理，也称自然肌理。如动物鳞甲纹理，植物表面肌理，自然界地貌等。清晰有序的叶脉、危险美丽的蛇纹、千姿百态的海洋生物形态。蜿蜒曲折的石浪，美丽的冰裂纹，层层堆叠的海浪……这些大自然亿万年来生物进化、地貌演化而来的各具特色的肌理，是艺术设计永恒的灵感来源。

（二）创造肌理

人们在生产生活中通过造物活动所产生的肌理，也称创造肌理。创造肌理可以分为无意识造物肌理和有意识艺术设计肌理。无意识造物肌理即人们在以功能为导向造物过程中产生的纹理，如竹篮的竹编纹理、梯田地貌的形成等。无意识造物纹理自然、朴实，赋予了人造物丰富的质感和感官体验。相对而言，有意识艺术设计肌理则是人们在造物的过程中有意识地运用美学思考和艺术设计手法使得到的人造物肌理具有更加强烈的视觉冲击力。如设计合理的建筑物、玻璃工艺品、纤维编织的装置艺术，其肌理是线条、分界、秩序感都倾向于完美的人造物。经过思考的有意识艺术设计肌理，极具美感和视觉冲击力，相比于自然纹理和无意识人造纹理，具有新颖、现代的视觉效果，也是寻找灵感的极佳素材。

三、立体肌理审美

设计对象表面肌理特征能够给人视觉及触觉上的不同感受，让人产生心理上的愉悦感。经验的积淀使得大部分触觉感受被大脑所储存，从而通过视觉，人们便能够间接联想到肌理的触觉感受。对于大脑有所记忆的表面肌理，人们会根据以往的心理经验，产生对肌理的美的感受。本书将从视觉美、触觉美、联想美三个方面对立体肌理的审美进行分析。

（一）立体肌理视觉美

大多数立体肌理具有秩序美、韵律美，能够给人较强的视觉冲击力和心理愉悦感。每种肌理都有其独特的形式美，人们看到肌理，便能够感受到其中的意蕴和张力，从而激发出人们心里独特的美的感受。想要达到立体肌理独特的视觉效果，设计师可以采用工艺手法模拟或者仿造自然生物、自然风貌等立体肌理进行创作，也可以参考形式美法则，对具象实物的美感进行抽象分析与提炼，将提炼过的更为纯粹的美感形式应用于服装产品设计之中。

（二）立体肌理触觉美

不同材质的立体肌理能够给予产品不同的触感体验，设计时选择合适的材质，能够使人获得触觉上的享受。不同材质的服装面料，其肌理给予人的触觉感受会有很大的不同，所以选择对的材质至关重要。

服装设计师本身需要对产品所用到的服装材料非常熟悉，依据经验和审美判断选择适合产品的服装材料，使得不同材质本身肌理触感与产品相协调，或者创造适合产品的具有独特触觉感受的立体肌理。

（三）立体肌理联想美

人们在接触肌理时，可能受视觉记忆或触觉记忆的影响，从而产生对肌理的联想，进而感受到肌理的联想美。由于这种体验来自材料的形式美和质地美与人心理活动之间的交流，因而肌理美的产生必然要涉及想象的心理因素，含有心理联想的成分。如人们看到或摸到柔软的皮毛可能会联想到野性、奢华的体验；看到石头的纹理可会联想到坚硬冰冷等。审美很大程度上是建立在人们对美好事物的视觉、听觉、触觉等方面的联想之上的。不同肌理也具有其独特的审美联想，能够引发人们不同的情感反应，如毛绒绒的马海毛毛衣，会使人联想到刚出生的小兽，给人可爱柔美的感受，可以用于少女服装；光滑蛇纹则会让人感到冰凉、危险而具有诱惑性，可以用于时尚女装夹克或皮裤的制作。对于不同风格服装、不同心理需要人群的设计，需要谨慎思考每种肌理可能给予人的内在心理联想，选择相符合的肌理元素，以期将立体肌理的联想美突显出来。

四、针织服装设计中立体肌理设计体现

（一）直接取用及直接模拟

最原始的肌理运用方式是从自然界中直接取用自然肌理（动物皮革、皮毛等），再经缝制制成服饰品，如貂皮大衣、鳄鱼皮鞋、狐狸毛领等。一般会用拼接、印染等工艺处理。直接取用自然肌理的服饰作品，保持了肌理本身的质感、视觉及触觉美感，具有野性、性感、奢华的基调，价格昂贵，曾经一度受到上流社会的追捧。但是，取用动物皮毛的方式对动物而言太过残忍，动物保护者协会及不少消费者已经拒绝穿着使用直接取用的自然肌理作为材料的服饰品。为了兼顾消费者对自然肌理的喜好和对动物的道德义务，服装行业研发出 PVC/PU 人造皮革、腈纶等纤维制成的仿皮毛等对自然肌理进行直接模拟的服装材料。随着工艺的进步，模拟仿生的服装材料在视觉、触觉上给予人们的审美联想和审美感受越来越接近自然肌理。与自然主题相关的服装系列设计，可以借鉴参考仿生模拟相关工艺研发进展。

（二）肌理模拟再创造

自然肌理及对自然肌理的直接模拟都局限于自然肌理本身的纹理、色彩和质感。想要获得更为丰富的视觉效果，则可以将自然肌理符号化、图像化，并将其创新性的运用到作品中。如可以采用针织工艺模拟可爱圆润的鹅卵石地面肌理，结合柔嫩的色彩应用到儿童或者少女毛衫设计中去。将自然肌理做图像化、艺术化处理，能够给自然肌理更大的创作空间。肌理模拟再创造，可以采

用多种艺术手法和工艺进行实现。

（三）美感提炼再创造

从肌理的表象出发，研究不同肌理给予人最深刻的美感体验的来源，是视觉还是触觉、是独特的结构美感还是肌理单元充满秩序感的组合方式、是纯粹的形式美还是触动人心的联想美。追根溯源，找到肌理美最纯粹的表达方式，对其进行提炼，并将其运用于服装设计。

美感提炼再创造的肌理运用方法是许多服装设计大师所运用的手法，如三宅一生的褶裥美学，就是取形于自然肌理，在色彩、造型等方面对肌理进行重塑，将自然肌理用到了极致。对美感的准确提炼需要深厚的审美积淀和持续不断地的探索。

（四）立体肌理组合运用

服装设计中，面料用法多样，同一种立体肌理可以有不同颜色、材质、造型、工艺手法来表达。同一种立体肌理，其纹理结构的放大或者缩小所能给人的心理感受可能截然不同，不同色彩混合搭配和使用，不同材质的混合使用，如薄纱和厚重面料混合使用，也会营造新颖的审美感受。同理，不同肌理或者有肌理面料和无肌理面料间相互搭配或者拼接使用，也可以产生新的创意。

第二节　立体肌理在针织服装中的创意应用——以女装为例

一、原材料与纱线

（一）原材料的选择

针织服装原材料的选择将会直接影响针织产品的视觉及触觉审美感受，进而影响人们对针织产品的心理感受。针织原材料可以给人带来如空间感、疏密感、软硬感等不同的审美感受，如马海毛给人蓬松、柔软、温暖的心理感受，适用于女性毛衫；而由棉纱织成的棉毛衫则具有质地紧密、较硬、保暖性好等特点。不同原材料的组合能产生丰富新颖的视觉感受，如圣马丁2016秋冬系列使用马海毛和普通纱线混纺，具有新颖的视觉效果，柔美又独特，还带着复古的诗意魅力。在材质的组合上，设计师可以多做尝试，发现更为新颖的组合方式及视觉效果。

在选择原材料时，首先需要考虑原材料的特性及产品所需的视觉心理效果是否相符，其次，考虑目标受众的心理偏好和采购习惯，最后，因为不同原材料价格可能差距较大，所以还要考虑目标受众的消费水平。

（二）纱线的选择

从外观效果上，纱线可以分为普通纱线和花式纱线两种。普通纱线的粗细、捻度、股数等技术参数的不同，会使针织物呈现出不同的风貌。如单股24 支包芯纱织就的针织物，轻薄舒适易变形，无法塑造廓形感；三股24 支包芯纱织就的针织物则比较厚实，承重力较高，不易变形，能够塑造一定的服装廓形。

花式纱线，又称特种纱线，能够通过"线"的创新使得产品面料肌理和图案丰富多变，是针织面料立体肌理塑造的有力手段之一。常见的花式纱线有结子纱、泡泡纱、羽毛纱、蜈蚣纱、圈圈纱、拉毛纱、各色金银丝、雪尼尔等。不同的花式纱线，可赋予平面图案肌理感，通过纹理结构的变化使图案更加生动形象，互动感强。花式纱线本身具有多种创造可能性，如带有彩色棉结的结子纱，织出的织物表面出现星星点点的彩色棉结，如果在纱线棉结的色彩和分布上稍作设计，便能够出现非常有趣丰富的织物纹理。

花式纱线与普通纱线混织可以产生丰富多样的肌理形态，如用普通包芯纱与羽毛纱进行提花，使用羽毛纱的部位会有羽毛纱特有的凸起的毛，使得原本平面的针织物具有立体感、面料更具观赏性；花式纱线之间的混织则能产生更为丰富的肌理效果，如国内针织设计师品牌JUNNE 2018 春夏系列采用马海毛及银丝在透明丝上提花，精致的透明丝上毛茸茸的马海毛，针织图案极具魅力；国际知名针织品牌马克法斯特2014 秋冬系列曾用黑色雪尼尔纱线与红色普通纱线混织，雪尼尔在外层，红色在内层，给人非常新颖的视觉感受。

二、针织组织工艺

不同的针织组织结构本身具有独特的肌理外观，是针织面料肌理外观的塑造的重点考虑因素之一。在针织成形服装设计中，服装组织与服装结构同样重要，针织服装设计的另一大语言。

（一）针织组织分类与应用

就应用最广泛的横机针织而言，其组织结构大致可以分为基本组织、结构花型组织及提花组织。针织服装的基本组织一般包括平针组织、罗纹组织、双反面组织。基本组织被广泛地应用于针织服装之中，简单舒适，适用于日常穿着，且制作成本低，但是风格较为单一，一般情况下变化较少。罗纹的立体效果明显，如果凸凹处分别使用不同色彩处理，变换宽度，再结合相应的款式设计，会呈现出独特的风格及较高的视觉美感。

结构花型组织是通过后针床发生横移，通过三功位选针和翻针技术来形成的组织，包括挑孔组织、绞花组织、阿兰花组织、波纹组织。结构花型组织具有明显的立体肌理，类似传统手工编织的风格，简单质朴，应用广泛。

提花组织分为两类，一类是单面提花组织，包括单面虚线提花组织和嵌花组织（单面无虚线提花组织）；一类是双面提花组织，包括背面横条提花组织、背面芝麻点提花组织、空气层提花组织、翻针提花组织。随着工艺技术的进步，提花组织所能够达到的肌理效果越来越丰富，所能够实现的设计想法越来越多样，具有较大的创作空间。

（二）针织组织肌理效果的影响因素

针织服装的立体肌理的塑造除组织工艺外，还会受面料疏密度、厚薄度等方面的影响。将织物局部收紧，则织物会在收紧的周围产生鼓起，形成独特的美感，如图7-1所示。将织物局部放松，则可以在放松的位置产生皱起，类似于泡泡，如图7-2所示。另外，通过疏密度调节及厚薄程度的改变，也可以使镂空产生奇特的肌理效果。

图7-1　织物局部收紧图

图7-2 织物局部放松图

（三）不同组织的复合使用

单个组织具有独特的肌理效果，不同组织之间的复合常常能够碰撞出更为新颖的创意。如图 7-3 所示中将平针组织与挑洞工艺结合、平针组织与网眼镂空相结合、四色提花与空气层及缩针工艺相结合，都具有非常独特的肌理美感，提花组织空气层部位通过缩针皱起，具有非常立体的效果，花朵生动形象。另外，在针织品牌米松尼 2018 秋冬系列中，设计师将桂花针与平针结合以及挑洞与平针结合的手法运用到针织服装的创作中，新颖独特。设计师在进行创作的过程中，可以通过对组织结构的深入思考，将其复合使用运用到自己的作品中，能够产生新的视觉感受和面料肌理。

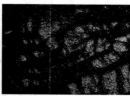

图 7-3　不同组织的复合使用图

三、其他针织服装中立体肌理的塑造

横机针织通过改变材质、纱线、组织等可以形成丰富多样的立体肌理。除此之外，在针织服装设计中，还有其他肌理塑造方法，如与其他工艺结合塑造肌理的方法，与梭织面料结合再造塑造肌理的方法以及可以与针织相结合的新科技工艺等。

（一）与其他工艺结合再造

在针织服装制作时，可以对针织面料进行继续加工，如对其采用压褶、绗缝或者填充等工艺。如乔治亚·哈丁 2017 秋冬高级成衣系列，在针织面料上进行高温压褶处理，使得面料呈现出具有雕塑感的三维立体肌理。

在针织物采用绗缝工艺，能够使针织物呈现出设定的肌理。如意大利高级羊绒时尚品牌 Gentryportofino 2016 秋冬系列、Sokolova Bogorodskaya 2018 秋冬系列及 Cividini 2019 春夏系列中都有采用绗缝工艺，给予原本普通的服装独特的肌理美感。

对于对立体效果具有较高要求的面料可以采取填充的方法塑造面料肌理，

如针织提花与空气层结合使用的面料，可以在空气层中填棉以塑造面料立体
肌理。

（二）与非针织面料结合再造

在国际时装周的 T 台上，针织与梭织结合的服装近年来经常出现。针织与
非针织面料结合的方式多种多样，常见的有拼接、贴缝、缝缀等方式。

1. 拼接

瑞典时尚品牌 CMMN SWDN 2019 春夏系列采用针织毛衫与透明薄纱拼
接的方式制作男士背心，新颖独特，让人耳目一新；日本休闲品牌 Kolor 2018
秋冬系列采用针织毛衫与丝绒及印花梭织面料拼接，让人意想不到的拼凑组合
为整个系列增加了活力。

2. 贴缝

针织品牌 Sibling 2017 春夏系列中，将毛巾绣及珠片绣绣片缝在针织外套
上，形成了具有视觉张力的图案和服装整体肌理；米松尼 2018 秋冬系列中，
将图案贴片缝在针织外套上，赋予了针织外套俏皮感。

3. 缝缀

Jason Wu 2016 早秋系列，设计师将精致立体花卉缝缀在裙子底布上，使
得看起来十分唯美浪漫；Noir Kei Ninomiya 2017 秋冬系列也使用了类似的造
型手法，使用薄纱缝缀的手法，打造三维立体表面肌理，制造出生动的花卉。
同样，在针织底布上使用其他材质元素如薄纱等，缝缀在底布上，可以打造出
三维立体的肌理。

（三）新科技与针织工艺的结合

近年来，科技时尚成为时尚领域热门研究领域，3D 打印技术、全新面料
科技等逐渐被运用到服装设计中，新科技为面料肌理的塑造创造了更多的可
能性。

在诸多新科技中 3D 打印技术最为引人瞩目，如 2016 年佛罗伦萨 Pitti
Filati 纱线展上，Lineapiu Italia 展出一项采用立体颗粒打印工艺塑造出立
体的蕾丝式"针织"结构的 3D 打印服装；Nervous System 推出 3D 打印的
PetalsDress；Iris van Herpen 2017 秋冬 3D 打印高级定制服装系列等。3D 打印
结构性肌理与针织服装具有结合的可能性，如模拟针织结构进行 3D 打印、打
印服装部件与针织结构拼合、打印服装骨架为针织服装塑造轮廓等，与新科技

的结合是针织服装的发展趋势之一。另外，对一些较为传统的工艺的不断探索，也能够产生新的肌理效果，如三宅一生大量使用 3D 蒸汽延展技术来实现设计创意，打造 Miyamae 标志性的褶皱技艺。其 2018 早春度假系列，以 3D 蒸汽延展技术与应季的色彩融合起来，肌理产生的流动感，产生了一种不规则的有生命力的愉快感。

第三节　立体肌理在针织女装中的设计实践

一、立体肌理设计主题及灵感来源

实践案例以系列作品"Bound Sea"（"被束缚的海"）为例。本系列作品设计灵感来源于加拿大摄影师 Von Wong 所拍摄的"美人鱼痛恨垃圾"系列摄影作品，引发了对海洋垃圾给海洋生物所带来的痛苦与伤害的关注和思考。

在具体设计实践中采用针织工艺与面料再造相结合的实现方式，仿造海洋生物立体肌理对面料进行研发及再造，以期获得具有新的视觉形象美的的立体肌理，并将肌理创造性地应用于作品之中。希望通过作品的展示唤起人们对海洋垃圾问题的关注及对自己的生活方式的重新思考。

二、立体肌理设计内容

（一）色彩方案

在色彩上，外套主色调为蓝色系，深蓝浅蓝交错，取色于海洋生物；配色采用棕色系，与蓝色让系列呈现出柔美梦幻的视觉印象；内搭采用了黄色、白色为主色，并在细节部分使用银色，使得内搭整体纯净、精致。

（二）立体肌理实现方案

整个系列中，立体肌理的塑造对服装最终效果的呈现至关重要。本系列有五种核心立体肌理，分别取形于海洋生物及渔网结构，故而将其命名为海星肌理、神仙鱼肌理、海蛤蝓肌理、渔网镂空及渔网提花。为每一个肌理所做的图案设计方案及最终呈现效果，如表 7-1 所示。

表 7-1 立体肌理图案设计方案及最终呈现

	海星肌理	神仙鱼肌理	海蛤蝓肌理	渔网镂空	渔网提花
纹理灵感					
图案设计			非图案		
纹理设计					

为了达到预期的肌理效果，综合考虑成本、工艺可能性、触感等各方面因素，为每一个肌理选用了适合的纱线、工艺方案。在试片过程中，有不同层面上的调整。因为肌理预期效果、工艺方案不尽相同，所遇到的问题及解决方式也有差异。立体肌理纱线及工艺方案以及从试片到肌理工艺的确认过程，如表 7-2 所示。

表 7-2 立体肌理纱线、工艺选择

	图片	纱线方案	组织针型	工艺方案
海星肌理一次样		底布：羽毛纱 外圈：羽毛纱/蓝色及白色 内圈：包芯纱	圆圈部分：7.2G 其他部分：7.2G	圆圈：四色提花 其他：单色提花
海星肌理二次样		底布：羽毛纱 外圈：羽毛纱/蓝色及白色 内圈：包芯纱	圆圈部分：12G 其他部分：12G	圆圈最里层：芝麻点 圆圈中间层：空气层 其他部分：单色提花

续表

	图片	纱线方案	组织针型	工艺方案
海星肌理三次样		底布：羽毛纱 外圈：羽毛纱／蓝色及白色 内圈：包芯纱	圆圈部分：12G 其他部分：12G	圆圈最里层：芝麻点 圆圈中间层：空气层 其他部分：单色提花
神仙鱼肌理		藏蓝：羽毛纱 浅蓝：包芯 纱／亮蓝及银色：金银丝	7.2针隔针	四色提花（反面为隔针提花）
海蛤蝓肌理		底布：包芯纱 表面纹理：透明丝织带	12G	底布三股24支纱线平针织就
渔网镂空		渔网：包芯纱	3.5.2针	挑洞程序（左右上下隔针挑洞加补针）
渔网提花		底布：包芯纱 网格：银丝	12G	双色提花

　　海星肌理设计要求主要有两点，一是色彩及图案能够清晰地还原设计想法；二是肌理表面必须做立体处理。纱线方面，选用包芯纱及长毛羽毛纱，两种纱线织就出的面料表面的对比，使得图案纹理层次丰富；工艺方面，经过多次试验发现单纯靠针织工艺无法到达期望的立体效果，所以选择针织与手工填棉结合的方式制作。主要部分采用单色提花，圆圈图案最中间使用芝麻点，圆圈中间部分使用空气层，可以在空气层部分手工填充棉花，完成立体肌理的塑造。

　　神仙鱼肌理以图案为主要创新点，错位的四色线条，给人迷幻的美感。纱线的选择上采用了普通包芯纱，金银丝以丰富视觉效果，短羽毛纱增加面料丰富度与立体效果。工艺上选择反面7.2针隔针提花的四色提花，提花时间较长。

海蛤蝓肌理选用三股包芯纱平针织成底布，将透明丝织带缝缀到底布上，做成梦幻的三维立体形态。

渔网肌理纱线选用包芯纱，工艺选择挑洞程序（左右上下隔针挑洞加补针），将原本需要手工编织的渔网编织出来。

银丝渔网肌理选用包芯纱与银丝，进行12G双色提花，正面渔网提花具有强烈的秩序美，反面则呈现非常漂亮的银丝菱格效果。

三、制作流程与工艺分析

步骤一：白胚布样衣制作。白胚样衣是版型参考的重要依据，由于针织和梭织几乎是完全不同的工艺，为了能给到更加准确的参考，在制作白胚样衣时使用了弹力针织面料，取代传统的梭织白胚布。

步骤二：针织胚布试片。试片及调整过程。

步骤三：成衣制作。

步骤四：图稿及大片展示。作品选用海洋生物和海洋垃圾两类意象和元素，渔绳、渔网、塑料等海洋垃圾意象缠绕、包裹、破坏着海洋生物意象柔美多彩的感觉，形成紧张、焦虑、窒息的感觉。暗喻海洋垃圾对海洋生物造成的痛苦与束缚，同时用大海大气磅礴汹涌澎湃的力量感来表达对束缚的不满以及渴望打破这种状态愿望。服装大片拍摄时，采用略显青黄的白色背景，既有能衬托服装的纯净，又有淡淡的水的感觉。

第八章　针织服装之图案设计

第一节　针织服装设计中的几何图形应用

一、几何形图案简述

（一）几何形图案介绍

1. 几何形图案概述

"几何"一词的起源，最早可追溯到古埃及时期的尼罗河地区。人们为了标记分界线而进行测量，在这种劳动过程中，逐渐产生"几何"一词。我国对于"几何"的研究最早可以追溯到《周髀算经》："圆出于方，方出于矩。用矩之道：平矩以正绳，偃矩以望高，覆矩以测深，卧矩以知远，环矩以为圆，合矩以为方。"而中文的"几何"一词是由明朝的徐光启和意大利人利玛窦在1906年翻译《几何原本》时所创造的。"几何"一词属于数学范畴，旨在研究物体之间的空间关系。几何图形是从现实生活中将错综复杂的实体抽象而成的图形（点、线、面、体）。抛开数学的范畴将这些图形运用于造型艺术时，可以呈现丰富多样的形态。"几何"一词从测量单位到艺术化的发展大约是在公元前900年到公元前700年的希腊雅典地区。当时"几何"发展成为一种装饰纹样，希腊花瓶画正是"几何"艺术化的产物。

现代几何形图案不像古代几何形图案那样具有那么多抽象或者象征性的含义，现代几何形图案更多的是以几何形的形态为视觉元素造型，按照一定的原则和规律组织成具有美感的、视觉效果强烈的、简洁、严谨、单纯、含蓄的观念形式，越来越趋向于简单化，符合现代人简约的审美方式。

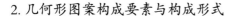

2. 几何形图案构成要素与构成形式

（1）几何形图案构成要素

点，《辞海》的解释是细小的痕迹。点可以通过自身的运动形成线和面，因此点是三大构成要素的基础。点，给人的感觉是小巧的。适当的点可以集中画面视觉，形成视觉中心，反之，不适当的排列会产生分散、杂乱的感觉。这是我们在运用点的时候需要注意的问题。

线是由点运动而成，而线的运动又可以形成面。线可以呈现直线、曲线、实虚等不同的形态。从设计的角度而言，线是经典的设计元素，有着自己的视觉语言，常常受到众多设计师的青睐。设计师通过将不同类型的线条组合或于其他图形的结合来表达自己的设计理念。不同的线条呈现给的人视觉感受是不同的，如折线给人不稳定的感觉，虚线给人含糊不确定的感觉。一种线条给人的感觉是单一的，在设计时要合理地将不同种类的线条进行结合，形成丰富的视觉效果来表达自己的设计理念。

面，可以理解是由点的扩大而形成。同时点的密集排列和线的集合都可以形成面。面的种类有很多，大体可以分成规则的面（如正方形、三角形、圆形）和不规则的面（如生活中的一些自然形态）。面的视觉语言是最为丰富的，它的视觉语言可以随着面的大小、形状的变化组合形成复杂的视觉效果。例如直面（如正方形、三角形）给人平衡、稳重的感觉，最适合体现男性刚毅的感觉。曲面（如圆形、扇形）给人动态、柔和的感觉，适合体现女性的特征。

综上所述，几何图形的三大构成元素各有自己的特点，相互之间关系密切。在设计时，要发挥点、线、面各自的优势，相互配合，做到和谐融洽。

（2）几何形图案构成形式

几何形图案的构成主要有两大特点：一是对称，二是连续。此两大特点在大多数甚至是全部的几何形图案中都能看到，因此几何形图案就产生了形式美感。现代几何形图案在加入了现代设计特征之后依然保持了以往几何形图案的构成形式，即单独的图案形式是指自身完整的能够独立成章的图案，如图 8-1 所示；二方连续的形式是指用一个或几个几何形组成的单位纹左右或者上下反复排列，可以无限延伸扩展，如图 8-2 所示；四方连续的形式是指一个或几个几何形组成的单位纹向上下左右四方连续，以横竖分线结合的九宫格单位形式向四方延续，如图 8-3 所示；混合型形式是指几何形与非几何形的混合运用，如图 8-4 所示。结合这四种构成形式，使现代几何形图案在设计的运用越来越具有时尚感和灵活性。

图 8-1　单独几何形图案

图 8-2　二方连续

图 8-3 四方连续　　图 8-4 混合形式

3. 几何形图案演变法则

（1）独立式几何图案

独立式几何形图案是以方、圆、三角等几何形为基本形，在保持基本形的骨架形式不变的前提下，通过不同形式的变化构成的几何形图案。根据骨架形状又可以将独立式几何形图案分为规则独立式和不规则独立式两种。

规则独立式的几何形图案是以规则的几何形（方形、三角、六边形等）为基本形，以直线、折线或者曲线进行规则的分割、重叠、连续变化而形成的，如图 8-5 所示。

不规则独立式的几何形图案是以基本形为原型，运用自由分割、变化等手段构成的不规则的图案，如图 8-6 所示，或是以基本形为元素进行自由组合，形成各种形式变化的几何形图案，如图 8-7 所示。

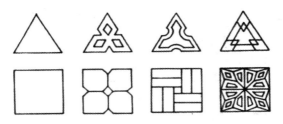

图 8-5 规则几何形图案

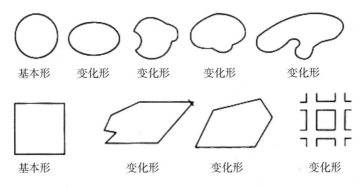

图 8-6 不规则几何形图案

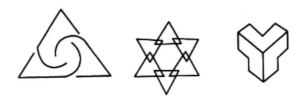

图 8-7 基本形自由组合几何形图案

（2）连续式几何图案

连续几何形图案是指以点、线、面为基本元素，运用二方连续和四方连续的骨架形成的视觉效果丰富的几何形图案。

二方连续几何形图案：二方连续的几何形图案是由一个特定的基本元素，通过一定的方式进行不同方向的连续排列而形成的几何形图案。因此，二方连续形成的几何形图案在构图上属于连续性图案。通过二方连续构图方法形成的几何形图案，具有整齐韵律的美感。散点式、连圆式、波浪式、折线式是在进行二方连续几何形图案设计时常用的手段。

散点式二方连续是通过将一个或一个以上的相同或不同的几何图形按照一定的距离重复排列连续形成的图案，是二方连续最简单的一种方法，具有强烈的节奏感，如图 8-8 所示。

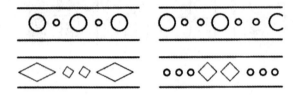

图 8-8　散点式二方连续几何形图案

连圆式是以同一个基本单位的几何图形在圆形、椭圆形等骨架单位上进行二方连续的图案设计，形成的图案多呈现连续规则的环状形态，如图 8-9 所示。

图 8-9　连圆式二方连续几何形图案

波浪式的二方连续是以一个或者一个以上相同或不同形态的几何图形为单位，按照一定的方向在波浪形的骨架上进行连续的排列，形如规则的波浪，是二方连续中比较柔美优雅的构成方式，如图 8-10 所示。

图 8-10　波浪式二方连续几何形图案

折线式二方连续是以一个或一个以上的相同或不同形态的几何图形为单位，按照一定方向和位置在折线形的骨架上进行图形的排列，具有强烈的动感和力量感，如图 8-11 所示。

图 8-11 折线式二方连续几何形图案

四方连续几何形图案：四方连续形成的几何图案是通过一个或几个基本元素，在规定的框架内进行排列，使上、下、左、右、均能连续起来，不断向外发展总是能形成完整的图案。四方连续形成的几何形图案多运用在大面积的平面装饰上，例如家纺中、地砖图案、织物的印花等。

四方连续构成的图案相比于二方连续来说更为复杂。四方连续的基本骨架决定了最后成品的视觉效果。常见的四方连续排列骨架有三种：散点式、连缀式、重叠式。

所谓散点式四方连续构成是在矩形的框架内，以一个或几个几何形元素组成循环的单位，在排列的形式上每个几何形互不相连，形成散开状，给人以轻松愉悦的感觉，如图 8-12 所示。

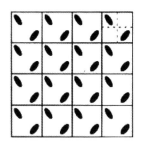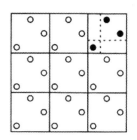

图 8-12 散点式四方连续几何形图案

所谓连缀式四方连续式是在矩形的框架内，用一个或两个以上的几何图形为基本单位进行图案的设计，形成的图案上下左右相接，形成连缀式，具有很强的装饰效果，如图 8-13 所示。

重叠式的四方连续图案是指两种不同的构成骨架或者两种不同的几何图形重叠排列形成的，如图 8-14 所示。重叠式形成的四方连续图案层次变化丰富，在进行重叠式图案设计时，一定要区分好主次之分，以免喧宾夺主。

图 8-13　连缀式四方连续几何形图案　图 8-14 重叠式四方连续几何形图案

4.几何形图案的特征

（1）简洁性

简洁、明朗是几何形图案最基本的特性。而简洁性通常伴随着抽象性与理性而存在。从人类最初的原始设计中，出于生产生活需要而制造的石器、陶器，其产品整体形态都是以简单的几何形为主，如三角状石器、以圆球体为基础变化的陶器，到现代生活中随处可见的人行道、交通标志、APP 图标、几何风格的现代建筑如鸟巢、水立方等，几何在视觉上给大众简洁、抽象、明朗且理性的感觉。肉眼所见的复杂的世界在艺术家或设计师的手中都可以理性地简化、抽象、概括成点、线、面构成的几何图形。这种通过几何化处理而得到的简约的符号化造型具有很强的装饰性、抽象性及其艺术感染力，同时这也是设计师一个理性思考和斟酌的过程是一种抽象能力的展现。

（2）秩序性

几何性图案的秩序性这是基于视觉形式而言的，是对构成形式美的高度概括。无论是对几何性图案对称与均衡还是节奏与韵律的设计，其都离不开视觉上秩序性的把控。在服饰、纺织品上通常以二方连续或四方连续的形式体现其秩序感。

（3）新颖性

几何形图案的新颖性特征是从造型的角度进行概括的。几何形体一种能够同时代表现代主义、建筑美学、机械美学的造型设计元素，在各领域设计师的手中，追求的是简洁、力量感、机器感、科技感、几何感，这些特点完全符合现代性的审美特征，具有时代感。几何造型充分反映了现代工业社会的精神风貌，塑造了这个时代的鲜明形象，由其引发的灵感风暴更是符合现代人求新求奇求趣的审美追求。

二、几何形图案的表现形式

（一）结构式表达

结构式运用是将几何图形与服装结构相结合的设计，主要体现在服装的内在结构与外在廓型两方面。

几何图形在内在结构上的运用是指款式结构中直线、弧线、三角形等做分割线、省道等的处理，使服装即贴合人体又美观。这种运用形式体现了几何图形与服装结构、人体结构的完美融合。当然，在服装结构绘制中，方形或弧形的口袋设计以及直线型和曲线型的拉链设计等都是服装结构中几何形运用的表现。如通过精密运算与组合后的四个三角形拼接成一个正方形为一个小单元，再由这些小单元构成整体结构，某种程度来说，这种三角形结构可以运用于针织服装上衣结构中，可以代替胸省的设置，使前后衣片于运动中更贴合人体胸部造型，同时满足了三角形的装饰性与功能性作用。

当简化并抽象看待服装廓型时，任何服装都可以看成是单个几何形或多个几何形的排列组合。服装的基本廓型可概括为长方形、三角形、梯形、椭圆形。廓型设计方法之一的几何造型法，就是建立在廓型的几何形分类基础之上，将本来复杂的图形概括为几何图形，从造型的总体需要展开取舍与合并，在似与不似之间组成全新的造型，是继寻找到灵感后服装造型设计的第二步。几何造型法的设计自由度非常大，进行廓型设计时最常用的方法有加法法则和减法法则。当然在具体进行加减法则运用时离不开形式法则对几何形组合的把控，只有在此基础上才能派生出多种廓型。

1.减法法则

减法法则是指对整体或局部基本几何形通过分割、切削、分裂等方法，形成新的外观造型效果。如采用分割的手法对针织服装前半身造型进行处理。将多边形与领口造型结合，椭圆形与胸腰部位造型结合，三角形将领口与腋下部位相结合，分割出来的几何形之间不仅在面积上形成对比还形成中轴对称的效果，具有稳重感与恬静感，使得女性的性感表露无疑。亦或者领口三角形造型与分布于左右腰部的长方形、小面积三角形，整体上达到一种对比均衡的感觉，此设计方法更具活力感。再者肩部的切削，将针织上衣看成倒梯形，然后用左右黑白线条组成的四边形将倒梯形削去两肩与颈部倒梯形的分割共同构成新的廓型效果。颈部造型旁的三角形对称分割增加了整体内容的丰满性。

2. 加法法则

加法法则是指将多个基本几何形经过对比、对称、重复、交替、渐变、比例，构成新的复杂的服装造型。通常把对比与统一放在一起。它们是矛盾的双方，是矛盾的统一结合。在几何廓型设计中，对比又分多种，有面积对比、位置对比、规则形与不规则形对比、曲与直的对比、简与繁的对比等。如PORTS 1961 品牌 2017 秋冬成衣作品种的针织女装造型其作品上衣款式就是采用了不规则四边形形面积对比的手法而呈现的廓形效果，这在技法上又称为不对称手法。

针织服装设计中，对称是最常见也是被运用最多的一种手法。它可以是形状的对称、大小方面的对称或者是排列上相等和相当。简单说来是利用中心线划分上下或左右结构达到"同型同量"。而服装对称结构在发生变化后但给人的感觉又是相等，即形不等而量等，为"异形同量"，是同量而不同形的组合，亦称之为均衡。从数学的角度来说，对称属于均衡，而均衡不属于对称，对称是绝对化的均衡。可以说均衡既继承了对称的特征和优点，又融入了变化和活泼，自然生动的非对称艺术形式，形式和效果上更趋向理想和完美。

（二）构图式表达

构图式运用表现在两方面：一是在针织服装整体廓型内（如 A、H、O 型）做以形式美为目的的几何形构图；二是在针织服装图案设计中以平面的几何色块进行视觉形式的构图设计。抽象的几何形与人体体型很好地结合在一起，几何形面积的大小、间距比例被合理地配置，追求的是一种均衡的美感。这一切也充分体现了设计师对于跨界元素运用的深刻体悟，服装也可以是一件艺术作品。同时这也是对传统构图形式发起的挑战。更多的服装设计师受此启发并发出类似这样的心声：原来几何形还可以这样运用，其他的分割是不是也可以。服装界平面几何式构图的盛行也是由此开始，这种手法持续发展并与设计师新的设计理念、手法融合，在当代呈现出一种崭新的面貌。

不同形状、不同色彩的几何色块拼接构建了针织服装图案的整体调性，简洁中赋予个性。换句话说，多个面积、形状各异的几何色块在设计师的美学品位中通过多样的组合构图展现了几何服装设计的多样性魅力。这些几何形构图式的服装作品，都是"蒙德里安构图"的新式延续，反映了现代构图哲学不拘一格的审美精神。

（三）图案式表达

图案式运用是服装史上历史最悠久且经久不衰的一种运用形式。纵观现今众多的服装作品，图案的创作依然是设计师展现其艺术风格、表达其艺术价值的重要手段。服饰图案的造型题材多种多样，有花鸟虫鱼图案、食品卡通图案、几何抽象图案、迷彩涂鸦图案等。

图案式是指以几何图形为基础进行服装产品的图案创作设计，并将其运用于面料的开发中。此形式的重点在于设计师如何将几何形图案的面料设计与现今的设计文化时尚接轨，并运用于流行的针织服装廓型中。此种形式的运用可大体归纳为 3 种：单一图案的运用、组合图案的运用、几何图案的立体设计运用。

1. 单一图案

单一图案顾名思义就是单一几何图形元素于针织服装面料上的设计运用，这里的单一是指几何图形形态的单一，而不是指数量上的单一。在针织服装设计中，以点为主体设计的图案面料数量之多难以想象。而可以视作点的形态要素多种多样。形态可以是长方形、三角形、椭圆形、规则形或不规则形等，但以圆形运用居多。这些基本形态作为点的运用是有具体要求的，有时是面积大小方面的要求，有时是数量方面的要求，或者两者兼具，这主要还是以设计师的审美意图为准则。

以圆形排列组合运用的方式在针织服装设计中使用频率最高且多种多样。设计师在图案设计过程中根据形式法则进行大小不同圆形的重复、虚实、疏密等不同形式的排列组合，从而形成了丰富多彩的视觉语言。圆形作为单一图案整体设计时，在服装作品中常呈现一种新时代的精神和简约的气质。

人们所熟知的三角形有等腰、等边、不等边之分。而由两个三角形构成的菱形在形态上比起三角形的稳重多了一些灵动。设计师通过对三角形或菱形的形状、排列、色彩、方位等因素中的某种或多种因素进行有目的地规律或无规律的重复组合，从而构成新的图案，带给观者新的审美艺术语义，进而与服装的款式廓型相契合，从而传达出多彩的时尚风貌。

2. 组合图案

在具体设计运用时，首先要理解"组合"的含义。詹姆斯·韦伯·扬曾提出"旧要素新组合"理论，其中拼图与组合理论是对其的具体应用。拼图理论较为容易理解，简单地说就是先拿来，其次改造，最后再组合在一起，其创新程度不高。而元素组合理论不同于前者，它将"解构"的含义融入其中，要求元素间不要简简单单的相加，其强调的是一种分解、选择、再造、重构的过程。后者的创新程度相对表现地更为突出，这也对设计师的设计能力提出了更高的要求。设计师需要充分理解拼图理论与元素组合理论，两者各有各的亮点。在进行针织图案组合设计时，设计师应根据设计风格、审美趣味、表达意图选取合适的组合手法，使图案设计更具新意。

3. 几何图案的立体设计

现今的几何图案在平面构成的基础上还发展出了立体化设计的几何图案，简称几何图案的立体设计。这种设计形式，更是一种视幻（视错）艺术的表达，其设计的重点在于面料印花上的 2D 几何图案设计转变为 3D 图案，甚至 3D 变 4D，在视觉上挑战炫目的效果。从设计的角度来看，这更趋向于线或面元素通过多样的构成形式（如重复、发散、空间构成等）并结合表达明暗关系的色彩来表现二维空间中的立体形态，从而产生三维空间感。

（四）立体式表达

立体式是指将几何图形以立体造型形式进行针织服装设计，产生具有类似几何形体的造型效果。此种形式的设计重点在于如何将几何形围绕身体做立体设计，产生雕塑感的服装廓型效果。这种运用形式受现代主义、立体主义、极简主义、未来主义、解构主义的影响，是二维平面向三维立体的转变，体现服装与人体间的立体层次，具有一种理性主义的色彩。

三、几何形图案在针织女装设计中的应用

（一）几何形图案在针织女装风格设计的应用

女士针织服装是一个很大的门类，它既具有所有服装的共同性又具有自己的特殊个性，它的柔软、舒适、贴体以及优良的弹性都深深地被女士们所喜

爱。随着社会经济和文化的发展，以及人们思想观念的转变，针织服装越来越被大众所推崇，而在技术和分工日益精细的今天，几何形图案变成了现代针织女装中使用率最为频繁的图案元素，几何形图案的运用使女士针织服装更具有个性化和时尚感，同时也出现了越来越多的女士针织服装的风格。

长久以来，几何形图案都是女士针织服装中最为丰富的设计语言，它给予了设计作品多种表情，使得女士针织服装的风格更加多元化，并且具有特殊的生命力与艺术感染力，并推动了女士针织服装界的发展，例如欧普艺术风格，波西米亚风格，民族装饰主义艺术风格等。

1. 欧普艺术风格的针织女装

欧普艺术风格的几何形图案以人性为切入点，在针织女装中有着不同凡响的影响力，在 20 世纪 60 年代因纺织技术和印花水平的提高而被大量的应用到女士针织服装的设计当中。欧普艺术风格的几何形图案以色彩缤纷为主，经过科学的设计，按照一定规律排列成的几何形图案，常让人产生眩晕和幻觉感，最神奇的是欧普艺术风格的几何形图案只要运用得当，就可以成功达到修饰、雕塑凹凸有致的身材的目的。

2. 波西米亚风格的针织女装

波西米亚艺术风格的几何形图案并不是一种新的设计元素历经长时期的发展演变，它不断地推陈出新，依旧有着自己独特的艺术魅力，波西米亚艺术风格的几何形图案排列大都采用了混合型的排列方式，正是因为混合的排列组合，波西米亚艺术风格的针织女装才会给人们带来无法抗拒的视觉冲击。

3. 民族装饰主义艺术风格的针织女装

几何形图案无论是在东方还是在西方，它都是从古老时期产生及发展至今的，只要有历史的发展就会存在着民族的文化及文明，所以民族装饰主义艺术风格的几何形图案在现代女士针织服装中的运用是非常广泛的，而且又具有历史文化的影子，在现代对于那些崇拜民族文化的人们来说是不错的针织女装风格的选择。

（二）几何形图案样式在针织女装设计的应用

1. 条纹图案针织女装设计应用

条纹在针织女装中的应用是具有变化性的，并不单单是固定的模式，因此它的意义也更加广泛、丰富。条纹在针织女装中的任何位置、采用任何材料以及以任何方式表现出来，唯一的限制就是必须形成条纹的视觉效果，"条"的数量已经是被宽容到极限，乃至只是一条边线。但是严格来讲，形成"纹"则必须要以两个或两个以上的"条"的排列，否则，观赏者会认为是服装上的线、面或者修饰。针织女装中，条纹的排列也具有一定灵活性的，因为服装条纹与平面条纹不同，服装是为人体所需求的，人体轮廓的立体结构使得条纹在服装设计与应用中具备一些平面条纹所没有的特性。因此，条纹在针织服装中的应用体现了多样性、延展性以及灵活性。

作为一种最基础的线造型，条纹本身就可以变化出多种多样的形式，如宽窄条纹、斜条纹、电波纹、锯齿状图案、人字纹、斑马纹、交叉纹等，并且可以在位置、方向、长度和粗细上进行各种变化。不同形态的条纹带给观察者不同的视觉感受。水平的规则条纹给观察者带来安宁精致的感觉。曲折线的电波纹则能给观察者一种尖锐刺激的视觉受。所以利用条纹自身的变化设计时，一定要把握住整体形式的韵律感及节奏，以免让人有种杂乱无章的感觉。

（1）全身条纹应用

最为广泛的一种形式是在整件针织服装中运用条纹，全身条纹可以有对称、宽窄、横竖之分，但它使观察者的整体视觉感受通常都是比较休闲一些。如设计师在针织女装设计时会将条纹分成左右对称，线条方向指向上方，宽松的连衣裙在视觉效果上不但休闲，而且显得人体修长，将模特从头到脚用条纹装饰起来，为现代女装注入了一股别样的帅气。童装针织毛衫中也经常采用全身条纹的形式，搭配各种鲜艳色彩，活泼可爱、充满活力。

（2）局部条纹应用

而如今，在针织服装局部用条纹的装饰手法已经呈现上升的趋势。这种设计，通常能使针织服装表现出优雅经典的气质，尤其在女装针织衫款式中，常常会在肩部或胸前的位置设计一些不规则排列的宽窄条纹，以打破整体的沉闷感，体现出潇洒大方的气场。在局部条纹的应用方式中，要注意条纹的分布排列，通常设计师把它设计成不规则的斜条纹，或者是呈发射状条纹分布在视觉中心的位置。

（3）点缀条纹应用

除了在针织服装中大面积的使用条纹，有的时候设计师只是把条纹看作是服装中的一种点缀，多运用于领口、腰部、袖口、袋口、下摆、门襟等处，并且采用与针织服装基本色彩截然不同的配色，以突出整体服装的活跃气氛，达到强调的效果。

2. 菱形图案针织女装设计应用

菱形花纹是针织女装设计中最常见的纹样。由于它的结构最容易用针织的手法表现，所以它便以各种面孔跃然于不同年龄层次的针织服装，演绎出各种风格。菱形有着与身俱来的高贵气质，不仅是在针织时装，各种名贵首饰、手表、包的设计都偏爱菱形。菱形图案连在一起组成了美丽的连续花纹。在针织衫的袖部、腰部，这些美丽的菱形花纹都使得针织时装减少了粗糙感，增添了更多的高贵和典雅。而且利用针织的不同编织技法，可以编织出虚实不同的菱形组合，加之其具有极强的可搭配性，在针织消费市场上，很好地迎合了30～35 岁之间的白领女性消费心理，适合较正规场合的穿着。

（1）电脑横机

电脑横机是针织成形服装发展中最常见的加工工艺。最原始针织成形的实现手法大多采用手工制作，过程繁琐，往往完成一件成衣需要数月之久。菱形图案通过针织成形服装实现的工艺主要有平面提花效果（双面提花、单面提花、间色、挂毛等）和 3D 立体效果。根据提花的需要和机器的不同可以分为单面提花和双面提花两种。单面提花组织根据颜色的多少和图案的复杂程度反面会有类似手工编织的长浮线，也被称为拉网提花或浮线提花。

很多设计师在设计针织成形服装时，故意将部分图案反底做面，将部分拉网提花的线迹露在表面，以达到模糊图案效果使平面的提花图案出现类似雕塑的凸起，更加有立体感。双面提花因为图案组织细腻、可大面积应用等特点更加适合做大面积的花型组织。由于大部分双面提花组织采用多色提花的模式，所以纱线之间的结合与摩擦增加，增大了摩擦力，即使出现小面积的纱线断裂也不会出现整件服装的脱散，另外，由于双面提花涉及的颜色和纱线多，所以同样效果的提花，双面提花的组织牢固性大，比其他工艺的针织更加厚重，能很好地表达图案中丰富的内容。

（2）手工钩编

手工钩编机理以其材质多种多样和精巧细致的服装结构、多样的纹理表达等优点被广大手工爱好者所追捧。手工编织一般分为局部应用和整体运用两个基本分类，局部使用钩编工艺的针织女装主要起点缀作用，在成衣效果中点缀机器无法完成的细节，在不同材质的相互结合下，形成独特的设计风格。如手钩与梭织拼接服装，用仿古的织法做电脑机扭花应用在西装的袖子和下摆部位，用刺绒的工艺手法进行拼接，给原本正式的服装加入一丝复古的休闲感，使古板的西装变得更加现代更有层次。

（3）印染工艺

随着服装二次加工工艺的进步，印花工艺因为能实现的色彩更加丰富，效果突出被设计师广泛应用。印花工艺中主要包含平网印花、圆网印花和数码印花3大种类。近年因为操作方便，可实现效果丰富、色彩绚丽等优点，数码印花被人们所熟知，数码印花工艺可以说是未来印花发展的一大趋势。如印花针织衫，传统的菱形纹样复杂多变，结构多样，色彩丰富绚丽，印花后的产品图案更加细腻，色彩丰富，形象更加逼真，改变了传统针织衫图案只能靠电脑机或手工编织实现突然的束缚，印花工艺能辅助设计师在春夏薄透的针织中实现结构复杂、色彩绚丽，满足了消费者对于针织衫个性化以及针织服装销售全季节化的需求。

染色是与印花工艺并行的着色工艺，让染料的颜色随着针织衫的组织而着色从而形成独特的渐变色也一度成为针织衫女装风靡一时的加工手法。因为其不可复制性，渐变效果针织服装每件都各有不同，但是相同的是色彩一样丰富多彩。

（4）绣花工艺

刺绣是中华民族传统手工艺中的瑰宝，是我国最古老的装饰工艺之一。传统刺绣是在服装或者衣片上按照先画好的图案，运用针法将绣花线等组织成各种实际的图案。刺绣因为使用的材质、技法、图案风格的不同而形成不同的装饰效果，备受广大设计师喜爱，普遍应用于各种类型服装中。目前在针织女装中应用的刺绣大致包括机器绣、手工绣两大类。

机绣工艺实现了图案效果，最后成品既保证了针织女装整体厚度不变，同时又实现了丰富的图案色彩，在一定程度上控制成本，为产品热销提供了前期保障；手绣针织女装，大部分采用7针/22.4 mm的提花工艺，但是由于工艺限制颜色较少，并且部分色不是很突出，于是在大身提花组织中加入手工绣花作为点缀。手绣图案线迹粗犷和针织衫整体反底做面的织法相呼应，收尾部分做线迹外漏，更增加了针织衫整体的设计感，增加了互动，更有趣味性。

3.波点图案针织女装设计应用

现在常说的波点，拥有一个专业的名词——波尔卡圆点，一般是同一大小、同一颜色的圆点以一定的距离聚集且均匀地排列而成。波尔卡这个名字，来源于一种叫波尔卡的东欧音乐，不是说这些图案像跳动的音符，而是说很多波尔卡音乐的唱片封套都是以波尔卡圆点的图案来做装饰的。

（1）变异表现手法

变异法是将波点图案从形状上进行改变的一种设计手法。如针织裙配上心形波点造型，让俏皮与时尚共存，或者渐变的异型波点设计，配上不对称的袖子造型，自信独立中不失优雅的味道。

（2）镂空表现手法

镂空法是在针织面料上先按设计的效果图划出纹样，然后用剪刀将其剪切，形成虚实相间的镂空形态。其工艺要求细腻精致、图案精美。制作后的成衣别致、大方、产品档次也相对高。镂空的表现手法有利于塑造针织服装的虚实效果，具有很强的整体设计感，通过面料底色与人体肤色的融合，常常使整体服装造型、材质、色彩表现的更为生动丰富。

（3）褶饰表现手法

褶饰法中的褶皱有很多品种，有压褶、抽褶、自然垂褶、波浪褶等，形态各异，而在针织女装中应用褶饰表现手法进行设计也是较为常见的。皱褶的材质、造型、工艺、位置等设计手法不一，会使面料产生不同的美感。除利用现代高科技手段对褶皱永久型定型外，通常还用手缝褶或机器抽褶对面料进行处理，以达到装饰的目的。手缝褶的基本制作工艺是用针均匀的在面料上穿缝，再适度抽紧，将针织面料有规律或无规律的抽缩起来，使面料形成自然褶皱，增加视觉上的节奏感和层次感，穿缝的线迹宽窄不一，不同的轨迹抽出来的效果大不相同。线迹宽抽出的褶摆会大，稍显自然，线迹窄抽出的褶摆会较小，密集，效果显得精致。这种手法改变了面料的肌理，从而增加针织女装的动感，增加立体造型的细节感。

（4）堆积表现手法

堆积法的应用广泛，比如在针织面料上点缀排列的黑白色小绣球等。堆积法在针织女装波点图案设计造型中是比较新颖的面料再次设计的表现手法，近几年被服装时尚T台所运用。运用这些不同材质的波点装饰，充分体现出点面结合的设计手法。

（三）几何形图案造型在针织女装设计的应用

1.几何形图案中点造型的应用

所谓点造型就是几何图案作为局部点的装饰方法。它具有集中、醒目的特点。点造型图案大多属于单独纹样。在这类针织女装设计中，装饰的部位对针织服装的整体风格起到"点睛"作用，侧重细节的处理是把握整体风格的关键。

点造型在针织女装中的应用最为广泛，应用的形式也十分灵活多样，主要有单一式、重复式、多元式构成。

（1）单一式构成

单一式构成指服装上只有一处有图案，属于焦点式构成。一般说来，这个图案无论装饰在哪个部位，都会成为视觉的中心。T恤衫针织毛衫上经常采用这种装饰方式。

（2）重复式构成

重复式构成指服装上只有一种几何图案形象，但这几何图案形象是以重复的形式出现于几处。这种重复可以是绝对重复，即重复的图案形象完全一致；也可以是相对重复，即图案形象的大小和形象有细微的变化。它属于散点式构成，由于点的位置不同，可以产生不同的视觉效果，或均衡、或活泼、或跳跃。

（3）多元式构成

多元式构成指在服饰上出现数个毫不相干又分量相当的图案形象，形成一种多中心又无中心的局面。由于几个在形式、内容、色彩上不同的形象共存，使人的心理上产生一种唐突、跳跃、不安定的感觉，因而能够造成奇异、刺激的效果。

2.几何形图案中面造型的应用

（1）几何形图案规则组合设计

几何图案的"规则组合设计"就是按照某种特定规律重复几何图案组合。几何图案的"规则组合设计"比具象图案的组合设计更具有现代感和时尚品位。这种设计更适合针织正装设计。在许多高档品牌羊毛衫主要是以几何图案的"规则组合设计"为特色的。

在这种设计中，几何图案的组合是设计的第一步。在构图上不仅要考虑单个图案组合的效果，还要考虑连续图案的整体效果，因为它们都会对整个针织服装的风格产生巨大的影响。从美学上来看，三角形的构图最具有视觉上的稳定感，最能为人的视觉和心理接受。除此以外，重复设计的节奏感也十分重要。服装不是音乐，它的节奏只能通过设计的语言来表达。首先，最重要的就是要用线条粗细的渐变来表达结构；其次，色彩对于"节奏"的表达也至关重要。通过明度和纯度渐变产生丰富层次，重复这种有规律的渐变，能使整个针织服装产生层次变化和节奏感，从而对其整体风格产生巨大影响。色彩和几何图案排列跳跃较强烈的，整体设计显得更为张扬而有朝气；色彩和几何图案排列跳跃较平缓的设计，则更能体现一种沉稳、内敛、理性的风格。

（2）几何形图案不规则组合设计

近年来的时尚舞台受摇滚风潮影响，针织女装一改过去的"循规蹈矩"，各种张扬风格的几何图案将针织服装表现得"后现代感"十足。条纹、菱形花纹、圆点花纹交织在一起，仿佛设计师只是在画一副表达强烈情感的"抽象画"。在这种设计风格中，几何图案的构成成了整个针织产品的风格灵魂。线条的变化、各种针织手法以及镂空的编织效果、甚至是拼接其他时尚面料都强化了这种街头感十足的风格。

第二节　针织服装设计中的苗绣图案应用

一、苗绣图案概括

（一）苗绣图案的种类

苗族刺绣选取的素材十分广泛，包括各种不同种类的动植物，甚至连河边的石头都可以被苗族人作为刺绣的素材。从系统的角度来看，苗族刺绣纹样以几何图案为主，常见的有方形、菱形与之形等，组成的纹样一般有万字纹、井字纹、水波纹、云纹、锯齿纹等。同时，苗族刺绣中比较常见的图案还有动物，这些动物（麒麟、龙凤等）象征着平安与吉祥，相比之下花草图案比较少，这是因为苗族人对于动物的崇拜。例如龙的形象在苗族刺绣中出现的频率就十分频繁，这是因为龙在苗族人民的心中占有重要地位。龙在苗族刺绣中有着各种各样的造型，有的龙长着许多足；有的龙体态比较圆肥，没有爪子也没有鳞片，只由环节构成。不同的图案都寄托着苗族人民不同的情感与希望，也具有较为明显的现代艺术特征，例如有些夸张生动的造型都可以被应用于现代服饰的设计当中。

从苗绣图案的特征来看，造型比较简单，其中透着一种单纯与质朴的气息，主要是通过超越现实的象征意象来表现其中的精神文化，是一种优秀的刺绣图案，它利用不同表现手法凸显了传统民族艺术。苗绣图案中既蕴含了原始与古朴，又夹杂了现代与前卫，后者主要的表现是意象构成的表现形式和意形同构的空间。例如在塑造艺术造型的过程中，并没有过于注重结构与透视，对于比例与虚实也并不在意，且不追求逻辑与现实的统一，这本身就是一种大胆、创新的设计，与苗族人民的人文习俗与自身愿景息息相关。苗族人民不被现实所禁锢，他们注重形象的自由性，在不考虑立体感的前提之下，利用色彩丰富的线条在平面上进行构建，通过在空间上的有机堆叠、自由组合，制造出一种具有独特民族意味的艺术造型，使图案更具有动态感与连接性。这样的创作手法在一定程度上打破了传统艺术创造的局限性，具有更强烈的视觉效果与艺术效果，能够勾起欣赏者个人的联想，与现代艺术（西方的"立体主义"艺术）其实有异曲同工之妙，可被后者借鉴。造型的抽象让人从中能看到类似于一些欧美艺术家在艺术创作中融入的现代元素，更体现了民间艺术的灵活性，它已经突破了现实的制约，将艺术升级到超越现实、自由追求的层面，与苗族人民的性格有着直接的关系。苗族刺绣图案中的现代艺术元素有助于当下的服装设计与创作。

具象形纹样与半抽象半具象形纹样是苗族刺绣的两类主要纹样，其中前者与现实纹样更加接近，需要借助个别物象来表现，而后者主要是由几何形的纹样构成。两种造型所具有的不同的审美意蕴是与苗族人民的思维方式及生活习惯密不可分的。

首先从第一类的具象纹样说起，这类纹样比较接近写实的纹样，如图 8-15 所示，花和鸟的图案都保存着写实的风格，由具象的鸟和花朵的图案辅以一些抽象的元素符号构成。

图 8-15　具象形纹样

　　第二类是半抽象半具象的，这类纹样整体上呈抽象形态，如图 8-16 所示。有时局部的造型中掺杂有少许具象的事物。半抽象的苗族刺绣作品与苗族人对于客观事物的感知息息相关，苗族人通过自身的视觉、知觉、触觉等肢体感受来进行造型的创造，因此这种半抽象的刺绣纹样更能反映苗族人的原始意识，虽然可能与事物真正的系统构造存在一定的差异，但是其中更多蕴含的是人的主观意识与感知能力，人们通过自己本身纯粹的生理感受来表现客观对象，甚至忽视事物的内在结构和科学的焦点透视，并没有局限于光与影的关系以及整个图形的比例，而是更加注重个人情感的投入，更具有视觉欣赏价值。

图 8-16　半抽象半具象形纹样

（二）苗绣图案的图案构成形式

1. 单独式构成

单独的图案一般情况下都具有一定的独立性，较为完整，可以作为一种装饰主体，它没有外轮廓的限制，是最小的图形单位，也是构成适合图案、连续图案最基本的单位，能够被自由运用在构图中。作为图案的最基本形式，由其变化可得到其他的各种形状，多种基本形加以变化，可以做出很多单独的图案，多种基本形的互相组合，能够变化出更多更丰富的图案。

单独纹样以个体的形式出现在画面当中，一般既不连续，也不对称，在整幅构图中非常醒目。这类纹样常以动物形象为主。

2. 连续式构成

连续图案可以说是由单独图案组合而成的，是一种有着民族艺术风格的传统图案，是一个或者几个基本单位的图案朝不同方位进行无限重复扩展而组成的图案，有一种规律的节奏美在其中，延展性是其最大的特点。一般情况下分为以单独纹样为基础，从不同方位（上下、左右）重复排列形成条形图案的二方连续以及四方连续。其中前者更具有节奏感，画面协调感。

四方连续是在二方连续的基础上延伸出来的一种构成形式，它是将一个或几个单独纹样依照一定的轴线向上下、左右四个方向无限反复延伸排列而形成。给人以整齐划一的艺术效果。

（三）苗绣图案的色彩构成形式

苗族人喜欢用红色、绿色、蓝色、黄色等鲜艳醒目且与大自然密切相关的颜色，强烈的色彩对比是众多苗族服饰图案的重要特征之一。苗族服饰中蓝黑色占据了很大的面积，但在蓝黑色的服饰上，图案的颜色却是绚丽多变的。这些不同的颜色之间相互呼应，相辅相成，图案和服装的底色之间形成了强烈的对比和夸张的视觉效果。一般情况下，根据图案颜色的不同，将苗族刺绣分为单色绣与彩色绣。其中前者是指在绣制的过程中以单一颜色的线为主，运用较为单一的手法进行刺绣，呈现的是一种简单朴素的美感。而后者是指运用复杂的刺绣工艺（一般为平绣、盘绣、挑绣等多种刺绣手法的结合），使用五颜六色的丝线进行刺绣，这样绣成的动物、植物或各种作品不仅在颜色上更加具有美感，整体视觉效果也更加生动。

1.单色构成

单色构成一般也被称为由柔和、协调的色调组成的素雅色形式。在色彩上通常选择同一色系或者相近色系。一般深色打底浅色刺绣或者相反，其中以暗色调打底者居多。素雅色与彩色的刺绣有着一定的区别，其中虽然也有不同的颜色，但是相对而言更加素净，在优雅与宁静中增添了几分活泼与艳丽。而且素雅的单色绣往往给人大气之感，很适合做服饰纹样。

2.多色构成

黑白为底、红绿搭配，通过颜色来形成较为鲜明的对比是苗族刺绣中经常使用的方式，为了调节太过明显的色差，一般也会使用到中间色加以过度，同时中性色的相间使用还能使图案变得更加耀眼，生动。苗族刺绣在红绿颜色上的相互补充经常会应用到服装刺绣上，这样使得服装的颜色更加艳丽饱满。

二、苗绣图案在针织服装设计中的应用

（一）针织服装设计的苗绣图案

1.图案构成

首先为例的是与前文中提到的单独构成形式相对应的实例，这种构成方式应用在针织服装中往往都是以单个的图案出现，或在胸前，或在背后，占据服装的某一部分，作为视觉中心点。这种设计手法多用在年龄段偏低的消费者当中，有一种体现个性、强调个体的特征。如图 8-17 所示。

图 8-17 单独图案应用

这种装饰手法由于图案简单，占据面积较小，如果要做立体装饰效果，通常会使用毛线绣或刺绣的手法，从而来弥补不是那么丰富的视觉效果，但同时增加了穿着者的烦恼，比较容易脱线或者被钩坏。如果是手工绣制，成本一定比较高，不适合大批量的生产，如果是机器绣制，必定图案非常简单并且没有什么灵动活泼的气质。由于以上原因，为了适应生产的需要，也为了消费者穿着方便，大多数时候会采用提花和印花的手法来进行制作。

其次为例的是与前文中提到的连续构成形式相对应的实例。这种构成方式往往大面积出现在针织服装中，作为服装的基础打底图案出现，铺满整个衣片，有着非常规律的节奏感。成年人服装中多用此类构成手法，视觉效果大气稳重。如图 8-18 所示。

图 8-18　连续图案应用

这种构成方式大多数以提花或印花的方式出现在针织服装中，由于其图案的规律性，也比较适合大批量生产，不会增加生产的难度。

第三种构成形式是组合式构成形式，指的是将不同种类的纹样组合在一起，从而构成一种整合的图案形式，一般情况下可以将单独、适合、连续等不同纹样加以有机结合，如图 8-19 所示。

图 8-19　组合图案应用

　　这种构成形式画面比较丰富，不会单调和乏味，弥补了前两种构成形式的缺点，但是也增加了一定的对技术工人的技术要求，在绘制意匠图的时候要多花费些时间和精力。这种特殊的构成方式不是所有的消费者都会喜欢，它给人的视觉感觉比较夸张和显眼，民族风味十足，适合用在偏时装类的针织服装设计当中。

　　2. 色彩构成

　　色彩构成方面主要分为协调色构成和对比色构成两种。

　　协调色构成也可以成为邻近色构成或单色构成，主要是由三种以下的颜色组合而成的色彩构成形式。这种色彩搭配方式适合用来表现抽象的几何形纹样，如图 8-20 所示。整体感觉十分大气。

图 8-20　协调色调构成

对比色构成适合用来表现较复杂的纹样，如图 8-21 所示。由于纹样的复杂性，多种颜色的搭配可以使服装整体的层次性变强，具有更强烈的视觉冲击力。

图 8-21　对比色构成

（二）苗绣图案在针织服装设计中的处理手法

1. 提花手法

提花手法属于平面处理手法。通过经纬线互相交错形成的具有凹凸质感的花纹就是提花。在针织制品中，因受到技术上的局限，常用到这种方式来表现色彩繁复的图案，而整体看上去效果又非常和谐统一，手感平整顺滑。但是缺点是提花手法的色彩数量受到限制，不能很好地体现多姿多彩的民族图案；而且由于提花手法简便易实现，其应用已经非常广泛，设计创新含金量不高。

2. 印花手法

印花手法也同属平面处理手法。将不同颜色的染料印在纺织品上，使其组成一种花纹或者图案就是印花加工方式。印花能够为服装增添美感，使得服装的价值更高，更具有视觉效果。在服装设计与加工中，印花是不可忽视的步骤之一。设计者可以通过印花来达到服装设计的理想效果，但是同时也要保证印花的适度原则与总体比例。印花能够在一定程度上让针织的色彩变得更丰富。

3. 绣花手法

绣花手法属于立体处理手法之一。这里的绣花手法并不是说将苗绣的手法直接拿来应用到针织服装上，而是指以刺绣的手法来表现图案。绣花手法在一定程度上还原了民族风味，视觉效果更加突出。但是缺点是由于针织服装具有弹性，而绣花线往往没有弹性，二者进行结合的时候会出现疏密上不能非常同步的问题。

4. 钉珠镶嵌

钉珠镶嵌同属立体装饰手法。这类装饰手法也是我们常说的"做手工"的方法。利用一些辅料的排列和堆叠，在空间中形成一定的图形样式，甚至可以借由光线的反射来达到炫目的效果。

三、针织服装设计应用苗绣图案的创新

（一）苗族刺绣图案的再设计

1. 传统图案与波普艺术相结合

通俗文化在艺术之中的灵活运用与有机结合形成了波普艺术，这种艺术在一定程度上促使艺术文化开始通过符号和标志而变得更加具象。

将波普艺术的思想、内容与传统苗族刺绣图案艺术加以结合，有利于苗族刺绣艺术变得更具有趣味性，也更符合大众审美的标准。让民族瑰宝以更加大众化的方式出现在消费者的视野中，让更多的消费者可以接受和喜欢。

2. 传统图案与解构主义相结合

通过现代主义词汇、语言的运用，来重新构建词语与词语之间的联系，从批判的角度对现代主义的艺术和文化进行继承与弘扬，突破传统设计原理的禁锢，才能实现真正意义上的设计创新。利用分散的思想观念，注重打碎、叠加、重组，强调个体，突破总体与一致而制造出分散式和不明确的感觉。

对于苗族原有刺绣图案的打碎、重组、突破在过程上极为复杂。既要保留民族图案的原始性，又要创造出新的造型和视觉感受，对图案的再设计是很大的挑战。甚至可以只提取苗族图案的某一部分进行应用，与特定的肌理效果相结合，将设计重点放在局部图案和组织做融合上。

3. 传统图案的新组合方式

在苗绣图案当中可以看到，有一些非常漂亮的单独具象纹样，也有很简洁

大气的抽象几何形纹样，这些纹样在苗族刺绣中往往是分别出现的，以不同的刺绣方式来完成的。

新的组合方式指的是将不同画面中出现的刺绣图案以新的方式结合在一起。例如可以将具象的动物图案与抽象的几何图形重新组合排列呈现在画面中。在设计中，可以将二者结合使用，在服装中体现更多姿多彩的图案效果，也使得原本单独的图案变得更加丰富有趣。

（二）苗族刺绣图案的肌理装饰在针织服装设计中的借鉴

1. 绳结法

用一根或者多根绳线编织而成的结就是编织的一种手法，结的形状具有多样性，编织也被广泛应用于服饰设计的装饰之中。我国绳结编织工艺历史悠久，其中比较有民族特色的有花色结扣，这种结扣是通过绳线进行花式盘绕、打结来形成不同样式的样式，为服装的外形锦上添花。使得服装看起来更具有立体性、趣味性与多样性，增强了设计的总体视觉效果。

绳结法可与打籽绣法相结合，在服装表面织造出颗粒效果的肌理感。以此来代替苗族图案中类似于点状的图案装饰，把立体的肌理结构和平面的图案相结合。

2. 褶裥法

由面料的褶皱、波纹等装饰线或结构线构成的一种工艺装饰就是褶裥，它是利用布料的垂坠性与质地的柔软，表现出的一种自然的褶皱，能够起到装饰整件服装的效果，同时还能发挥修饰形体的重要作用，使设计的服装更具有神秘性与典雅的风格特色。褶皱设计在一定程度上能够增加服装的立体感和节奏感。经常被设计在服装的腰部、肩部、胸部。

褶皱配合上人体的动作能够体现服装线条的律动，使得服装更具审美价值。褶裥在梭织服装中的应用是比较常见的，但是在针织服装中的运用则主要是通过编织方式、纱线变化、组织结构以及工艺变化而形成面料的皱褶效应，给人们视觉上的美感及丰富的肌理感受。凹凸肌理感比较强的褶裥效果比较适合用来表现前卫和时尚的风格，较小的褶裥或肌理感不是很明显的织物通常适合用来表现经典风格。

褶裥法可以很好地表现线条的立体感，以此来代替苗族刺绣图案中的一部分线条。

3. 拼接法

拼接设计是把不同形状、不同面料、不同颜色的布料贴附于服装的某个部位，使用手缝加以固定，并且形成一定的轮廓，这是加强服装立体剪裁效果的一种常用方式，通过合理、艺术的拼接，可以将不同颜色、不同质感的布料组合在一起，使得服装在设计上更加具有特色，一般情况下可以通过拼贴、叠层、混合等手法加强服装在局部的立体点缀与修饰，也可以先对服装进行破坏，然后再重新进行拼接，能够为服装增添一丝生动，给人以丰富的视觉感受。

苗族刺绣图案中有很多大色块的拼接，可以使用拼接法将其抽象地应用到服装设计中，在色块的接缝处进行特殊处理，得到立体的效果。

4. 镂空法

服装上的镂空一般呈几何状，这样的镂空设计可以使穿着者显得更加神秘、性感，通过多层镂空的叠加设计还可以创造出一种蕾丝的质感，使得服装穿起来尽显华美精致大气。

通过纱线的粗细、质感变化搭配出不同的组织结构可以形成织物的不同的漏空效果，比如薄厚、疏密、虚实等具有通透感的效果，如集圈形成的凹凸网眼效果、移圈形成的网眼效果、脱圈形成的梯脱效果、抽针形成的浮线效果以及多种组织综合运用形成的仿撕裂效果等。

镂空法可以用来实现叠加层次和颜色的效果，从而丰富服装图案的色彩，并且产生一种叠加的空间感。

5. 装饰法

针织服装的面料使用的是纱线线圈串套手法织成，因此线圈与线圈之间拥有较大的缝隙，这时候可以利用较大的缝隙与装饰物的配合让服装增添更多的美感。这种手法是比较常见的一种装饰手段，可以用钉珠、镶嵌等方式作出丰富的视觉效果，这种方法可以很好的弥补服装结构上过于单一的缺点。

（三）接缝与刺绣结合的创新手法

挑花、平绣、辫绣、绉绣、打籽、锡绣等针法都是苗族刺绣中经常使用的针法。

挑花技法：是苗族刺绣中最为常见的针法之一，一般按照绣布的经纬线来入针，一般情况下这种针法又分为十字挑花、平挑两种不同的类型。其中前者是指在经纬线的总体结构上，呈十字交叉的形状来进行刺绣，应用较为普遍。而后者指的是沿着纬线或者是经线，从构图的需求出发来入针。

平绣：最大的特点是采用单针单线刺绣，线迹均匀，丝路平整，完成的绣片图样平滑光亮。

辫绣：先将图样平铺在面料上加以固定，然后将编好的彩色丝线辫条按照图案纸样的轮廓由外向里一圈一圈整齐的平铺在纸样上，最后用一根同色丝线加以固定，钉牢。与平绣相比这种方式更具有浮雕和肌理的效果。

打籽绣：这种绣法需要先将纸贴于绣布之上，随后利用缠丝线钉在花纹的周边，从而形成一个整体的框架，再在框架内进行刺绣。入针时，要保证回针在布面之上，以丝线绕针两、三圈，再插入布，打成结，使画面呈颗粒状。

在应用上，可以将刺绣手法与针织服装的缝线相结合，创造出与以往不同的缝合手法。将装饰的重点由大面积的图案转向特定部位的特殊装饰，呈现出与图案为主不同的全新的视觉效果。

在手法上可以选择直接使用刺绣方式进行装饰，或者使用手工方式进行毛线绣和其他材料的装饰方式，目的在于重现苗族刺绣的特点，而不局限材料的使用。

第三节　针织服装设计中的线条图案应用

一、线条图案概述

（一）线条图案的概念

"线条图案"一词观其字面意思即指，由单线条或者多线条组成的一种图案纹样。在艺术设计和绘画领域，线条是作品诞生的基础，纯粹由线条构成的艺术作品也在某一时期备受推崇。书画及史论学家陈世雄在其编绘的《线条的语言》一书中，对线条图案给出了他的一种解释。他认为其是由三部分构成的，及物质存在的、人的主观能动性制作的和精神所呈现的，每一幅由线条组成的作品都汇集了作图者的主观能动性以及所思所想。

（二）线条图案在针织服装设计中的应用归纳

针织服装作为世界服装产业的一大支系，以其舒适、精致、柔软且富有弹性等特点，一直备受市场青睐。针织服装以其独到的特性，在设计过程中可以让设计师从针织纱线的纤维开始着手进行创意研究。这样的特点，使针织服装成为可以诞生无数款式、多样结构造型和多种图案制作手法、多种色彩组合混搭的服装类别。也正是因为有着这样的特点，使得线条图案在针织服装中的运用拥有了多种实现方法。

1. 针织裁剪类服装设计

"针织裁剪"顾名思义，指的是由横机或原机织造的针织胚布通过裁剪缝制工艺制作成服装的一种针织服装制作手法。针织裁剪类服装主要由缝纫机进行衣片的拼合，这样的针织胚布弹性良好，被广泛运用于运动装、成人内衣、吊带背心类的服装中。

线条是一种最基础、最简洁、最具再创造性和设计的图案，也是在针织裁剪类服装设计中最易于表现的一种服装装饰手法。设计师可以根据服装使用者的年龄段和服装的风格定位，进行灵活的变化。在针织裁剪面料生产上，由于线条图案本身就易于操作，生产成本和针织工艺制作成本相较于其他复杂花型都要低，因而更加的适合规模化生产。

（1）全身线条图案

在整件服装中运用线条图案，是线条图案在针织裁剪类服装设计中最为广泛应用的一种表现手法。能够以最为简洁的服装廓形，给人随意散漫且舒适的穿衣感。最典型的使用案例是服装品牌 LACOSTE 的 POLO 衫，其通常使用全身线条图案的针织面料。图案通过颜色和粗细变化，让服装充满运动感。

（2）局部线条图案

线条作为针织裁剪服装设计中的一个图案元素，如果设计在正确的位置，那么其对人体的结构和服装整体的气质都会产生一定的影响。比如现在市面上很多的男士针织套衫都会在肩膀或者手肘处加入一些曲线图案。这些不规则的粗细线条让服装不再显得死气沉沉，并从视觉上起到了修饰穿着者手臂曲线的作用。线条图案以怎样的形式，放置设计在什么样的位置，其对穿着者的身体曲线结构，都会产生非常明显的视觉改变。

服装品牌 Jean Charles de Castelbajac 在 2015 春夏的时装发布会上，推出

了运用针织空气层面料制作的服装。服装整体呈大廓形结构，设计师在其廓形基础上于每一个衣片的接缝处，设计了模拟缝纫机针脚的线条图案。粗线线条印花、局部刺绣拼接、线与面的颜色对比，给人一种有趣的视觉效果。

（3）点缀线条图案

设计师除了在服装中大面积使用线条图案外，线条也同样成为针织裁剪类服装的一种装饰点缀。它们被设计在衣领、袖口、贴袋、门襟、下摆以及腰部等位置，通常采用与整体衣身不同的亮丽配色。交错线条的口袋盖、夸张复杂的曲线呈现在衣袖接缝处、修饰腰部的重叠渐变线条，这些运用线条的装饰手法不仅能够活跃服装的整体气氛，也能带来对身体某一部位极致强调的效果。在运动装中，设计师通常在游泳运动员服装的胸部和腰部设计线条图案，在马拉松和长跑运动员服装的肩部和裤装大腿处设计充满流动感的线条图案，以强调速度感与均衡感。

2. 针织成形类服装设计

针织成形是指由一根针织纱线通过针织横机收放针形成衣片的形状，再通过针织缝盘机器缝合完成的针织服装类型。整件服装织下来没有裁剪损耗，衣片边缘光滑没有散落迹象。当代针织横机技术研究革新，目前市面上的针织电脑横机成形功能不断增加，在节约原材料和缝制费用的同时能够极大的满足设计师的服装创意需求，并且可以进行具有丰富装饰性的针织衣片的生产。这也就意味着，线条图案在针织成形服装中拥有着非常多的实现工艺。

（1）提花组织线条图案

提花组织，在针织服装设计中分为多色提花组织和空气层提花组织，这种组织能够让图案最简洁直观的展示在针织服装中。在设计使用提花组织的时候，纱线的支数、图案需要的颜色、机器的型号等因素都会对服装最后的图案效果产生的影响。

服装品牌 Lamarck Imrk 在 2014 年春夏发布会上展示了两款，由针织提花工艺制作的线条图案服装。线条图案粗细均匀的排列于衣片上，恰似延长的钢琴黑白键。品牌 Dries Van Noten 在 2016 年春夏时装周上推出了一款，三色提花工艺织成的仿玫瑰花瓣轮廓的针织背心。整个花朵图案被设计师线条化处理，加不同颜色的表达，充满韵味。

（2）嵌花组织线条图案

在针织服装中，嵌花组织是指由不同颜色或不同种类的纱线编织而成纯色区域的色块，相互进行花色图案拼接的组织。嵌花组织织成的图案，每个纯色区域都拥有完整的边缘且无浮线。除针织电脑横机可以进行该组织织造外，市面上也有专门用于织造该花型的嵌花横机。

服装品牌 Cristiano Burani 在发布的 2016 年春夏系列中，展示了一款由嵌花工艺制作的连身长裙和一款针织短背心。服装以蓝色、绿色、白色和红色为主要色块，拼合成粗细变化的线条图案，让服装显得飘逸灵动。

（3）绞花组织线条图案

绞花组织是指将相邻的线圈相互交换位置，在针织物表面形成凹凸且相互交错花纹的一种针织图案表现方式，又俗称扭绳、麻花移圈组织。绞花组织是针织设计中最为常用的一种花型组织，国内品牌如鄂尔多斯、雪莲羊绒和 LaChapelle，国际知名品牌 ALEXANDER MCQUEEN、Dolce & Gabbana、Missoni、Michael Kors 等都偏爱使用绞花组织来进行针织服装设计。绞花组织的结构具有显著的立体效果和线条装饰功能，也因此被广泛的应用于针织服装的创意设计中。

（4）罗纹组织线条图案

罗纹组织是指在针织横机操作中，正面线圈纵行和反面线圈纵行以一定的规律组合织造，形成的一种针织组织。罗纹组织其正反两面都有凹起和凸起的线圈轮廓，也正是因为这样的凹凸轮廓使其不会像纬平组织那样容易弯曲脱散，并且在横向方面具有良好的延伸性和弹性。

罗纹组织被经常使用于针织衫的边口，如服装的领口、袖口、衣身下摆等处。利用其具备的良好弹性起到收口作用，便于人们穿着和运动。在当代的设计中，罗纹组织已经不仅仅是起到一种功能性的作用了。设计师们以罗纹组织具备的特点和特殊纹理，将其作为服装的一种装饰，让它在衣身上随意变化，产生特殊的服装装饰纹路。

（5）局部编织线条图案

局部编织又被简称为局编，或者楔形编织。这种针织服装编织手法指的是在针织横机进行编织时，有些织针可以暂时退出编织，但针上的线圈不从针上退下来，当需要时这些停止的织针可以再重新进入编织中来。这样的编织方法，可以形成非常多样且特殊的织物结构。在针织服装设计中，局部编织丰富了服装的造型，使得服装的款式结构不再仅仅是趋于平面，而是拥有较强的立体廓形感。

随着科技的发展进步，电脑横机的局部编织技术功能日趋完善，这使能编织的立体造型结构变的更加丰富多样。服装设计师们将局部编织技术应用到针织服装的腰部、肩部以及胸部，形成垂坠或立体的造型效果。运用局部编织技术织成的服装，其胸腰省道相较于梭织服装来说，更为平整美观。衣身没有一条多余且刻意的缝分，既穿着舒适又能展示女性的柔美曲线。

二、线条图案在针织服装设计中的应用

（一）印花

在已经成形的针织服装表面，加上涂层或复合面料后进行数码印花，或直接在织片上进行线条图案印花。这样的工艺手法，能够在服装上产生双重错叠的视觉效果。织片上下交错重叠，使得图案的视觉冲击力更加明显。同样在绞花组织或提花组织的对比下，让图案即使在平面的四平纹路上也能产生立体视错效果。

如图 8-22 所示，将千鸟格图案织片作为基底，使用金色涂料进行几何线条图案印花。厚重的胶底图案在金色反光下，呈现出凹凸感。如图 8-23 所示展示的织片，则是运用金色涂层包裹织片的边缘，再进行手工线条穿插，呈现出一种新颖的织片拼接效果。

图 8-22　数码印花　　　　　　　　图 8-23　涂层印花

在进行印花图案处理时，要注意印刷的织片表面一定要尽可能的光滑平整，如果织片本身是由长纤维纱线或花式纱线织造，那么直接进行印刷就会导致图案缺失和印刷试剂不均匀浮于表面，使图案变的模糊不清。

（二）刺绣

在针织成形类服装中，用刺绣手法来表现线条的视错立体感的方式，其产生的效果相似于在针织裁剪面料上的效果。只不过粗纱线织造的平纹或四平组织本身的厚重感会更加突出线条图案的立体质感。

如图 8-24 所示，将组织平纹织片做刺绣包边处理，再进行多层次堆叠的设计，细纱织片的通透感呈现出虚实交错的线条纹理。如图 8-25 所示织片则是将平纹织物与线条图案绣片进行缝合，使织片产生立体感明暗光泽和凹凸触感。

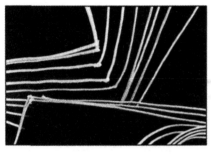
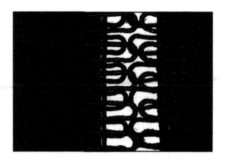

图 8-24　织片刺绣包边多层次堆叠　　　　图 8-25　织复合绣片

用刺绣手法表达线条图案在针织服装中的立体化，需要注意的是对进行刺绣纱线的选择。在密度大的平纹织片上，既可以使用光滑的蚕丝线进行图案制作，也可以使用粗毛纱线，制作粗细对比和有凹凸感的光影效果。如若使用透明氨纶丝和软性的化纤线，其能在织片表面呈现材质对比明显以及有透明感的线条图案。

（三）切割以及缝份拼接

将针织平纹织片与梭织面料进行双层或多层次的面料复合后，使用激光切割工艺，制作复杂且有科技未来感的线条图案。同样，将多片针织织片进行拼接、折叠后，重新组合的织片表面也会出现有立体感的线迹纹路。

如图 8-26 所示，织片在进行了缩绒处理后，使用激光切割机器进行线条图案的制作。如图 8-27 所示织片是将较薄的平纹织片进行有规律的折叠后，确定好距离点对点的进行手工缝制，诞生出了非常有意思的立体图案。

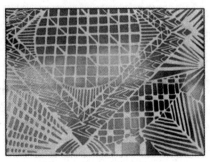

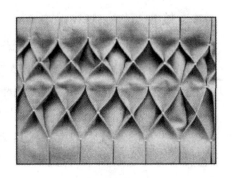

图 8-26　激光切割　　　　　　　图 8-27　局部折叠

在运用这类手法时要注意的是，为了确保进行激光切割的织片能够达到最佳的立体视觉效果，需要对织片进行反复的缩绒处理。使切割完成的织片不宜断裂散边，保持图案完整。

（四）涂层肌理与手工

通过使用不同材料以及非服装用材质，达到具有视觉冲击力的立体图案肌理。在针织面料上进行涂层添加、手工沟边、材料混搭以及在涂层上进行线条图案绘制，这些手法能够使服装表面呈现立体且变化丰富的线条图案。

如图 8-28 所示，将多种颜色不同材质纤维的纱线进行混合编织后，在其表面想要强调立体感线条图案的位置上进行局部手工穿珠。圆润的银色珠子使整个织片，不仅图案材质丰富，所呈现的立体感与光泽度也非常的突出。如图 8-29 所示织片是将白色的羊毛条用毛毡戳针固定在平纹织片上，图案的排列位置可以随设计师的想法任意变化。相互堆叠的毛条，其产生的厚度让织片表面更加丰富。

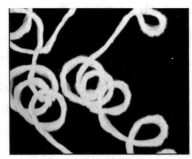

图 8-28　局部穿珠　　　　　　　图 8-29　毛毡

如图 8-30 所示，将轻薄的针织织片局部，用绿色和红色的花式粗纱线做手 I 穿插，使织片的表面呈现凹凸质感。如图 8-31 所示织片，首先在平纹织片上用粗细颜色不同的纱线随意的进行图案的排列，用戳针做局部定型后，将透明硅胶涂层覆盖到织物表面。待涂层干燥后，织片不平整的表面上呈现立体感纹路。

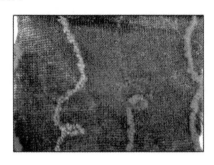 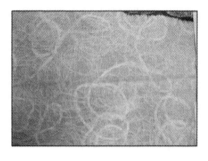

图 8-30　纱线穿插　　　　　　图 8-31　涂层

在设计制作过程中，涂层材料的软硬、通透度、以及涂抹的厚薄等，都决定了织片图案最后的效果。硬度高的涂层，建议用在服装的局部做装饰处理。同样，柔软的硅胶涂层如果过度使用，不仅会使最后的成衣图案厚度增加，涂层的重量也会使服装变得不宜穿着。

参考文献

[1]　沈雷 . 针织服装艺术设计 [M].3 版 . 北京：中国纺织出版社，2019.

[2]　王勇 . 针织服装设计 [M]. 上海：东华大学出版社，2017.

[3]　缪秋菊，王海燕主编 . 针织面料与服装 [M]. 上海：东华大学出版社，
2009.

[4]　匡丽赟 . 针织服装设计与 CAD 应用 [M]. 北京：中国纺织出版社，2012.

[5]　董庆文 . 立体构成与服装设计 [M]. 天津：天津人民美术出版社，2004.

[6]　窦晓琛 . 针织服装设计要素分析 [J]. 纺织报告，2020，39（11）：96-97.

[7]　康晓婷 . 民族元素在针织服装设计中的应用 [J]. 轻纺工业与技术，
2021，50（9）：65-66.

[8]　章怡鑫 . 针织创意在现代服装设计中的运用 [J]. 黑龙江纺织，2021（4）：
26-28.

[9]　王巧，宋柳叶，王伊千，等 . 新中式针织服装设计特征及其路径 [J]. 毛
纺科技，2019，47（11）：45-50.

[10]　于海洋 . 功能性针织面料在产品设计中的应用 [J]. 棉纺织技术，2021，
49（12）：97.

[11]　高冉，刘明瑜，王芷菱，等 . 针织面料在现代职业女装中的应用研究 [J].
山东纺织经济，2020（4）：31-33.

[12]　王新泉 . 仿梭织纬编针织面料的开发 [J]. 针织工业，2021（8）：18-23.

[13] 杨静芳.拼接方向对针织/机织拼接面料性能的影响[J].纺织报告，2021，40（9）：13-14.

[14] 沈雷.针织服装设计中的发射思维和收敛思维[J].针织工业，2005（1）：50-52+2.

[15] 孙静.针织服装平面结构设计灵感解析[J].装饰，2014（4）：133-134.

[16] 郑丹.探寻针织服装设计的灵感源泉[J].东方企业文化，2013（5）：124.

[17] 董瑞兰，王新泉，丁慧，等.针织服装设计灵感与应用实践[J].天津纺织科技，2018（1）：4-8.

[18] 郑丹.探寻针织服装设计的灵感源泉[J].东方企业文化，2013（5）：124.

[19] 张夏怡.成形针织服装设计中的传承与创新[J].中国民族博览，2017（8）：156-157.

[20] 张冰冰.针织服装设计研究——评《针织服装产品设计》[J].上海纺织科技，2020，48（3）：66.

[21] 袁新林，徐艳华，常克明.波普艺术图案在针织服装中的设计表达[J].美与时代（上），2018（8）：101-103.

[22] 郭春花.走向国际化的时尚针织新澳2018/2019秋冬产品发布会华丽亮相[J].纺织服装周刊，2017（33）：26.

[23] 李晓慧."雪莲2015～2016秋冬羊绒针织服装流行趋势"发布[J].纺织服装周刊，2015（12）：10.

[24] 魏慧敏.纺织面料特性和色彩对服装设计的影响[J].化纤与纺织技术，2021，50（8）：118-120.

[25] 姜丽娜，周立亚.针织服装设计与开发过程中的色彩传递与变化[J].纺织导报，2021（12）：78-81.

[26] 盖莹.基于视觉传达的服装色彩设计研究[J].棉纺织技术，2021，49（10）：91.

[27] 吴洪洁.服装设计中的色彩表现与情感表达[J].西部皮革，2021，43（13）：80-81.

[28] 刘媛 . 探析流行色在服装设计中的运用 [J]. 现代装饰（理论），2016（8）：117.

[29] 徐仍 . 流行色在现代服装设计中的应用研究 [J]. 美术大观，2010（2）：106–107.

[30] 吴卫刚 . 针织服装造型设计与工艺 [J]. 上海纺织科技，2003（4）：44–46.

[31] 穆慧玲 . 针织面料在现代服装造型设计中的创新应用 [J]. 艺术与设计（理论），2013，2（8）：99–100.

[32] 郭东梅 . 从路易斯·哥登和桑德拉·巴克伦德的设计看针织服装造型创新的手法 [J]. 装饰，2011（5）：133–134.

[33] 范君，杨勇 . 针织服装的造型设计 [J]. 广西轻工业，2010，26（11）：96–97.

[34] 金千姿，徐律 . 针织服装衣片造型设计方法初探 [J]. 时尚设计与工程，2019（1）：1–5.

[35] 李燕 . 论服装的肌理与外观造型 [J]. 江苏纺织，2010（1）：35–40.

[36] 顾荻菲，郭莹 . 可持续理念下的立体肌理再扎染面料创意改造探索 [J]. 西部皮革，2021，43（24）：4–5.

[37] 李克兢，庹武，王冠军 . 立体缝缀类面料肌理影响因素的探究 [J]. 西部皮革，2019，41（1）：38+43.

[38] 徐训鑫 . 纺织面料肌理的表现研究初探 [J]. 艺术与设计（理论），2012，2（6）：119–120.

[39] 袁悦 . 立体构成艺术的肌理特质及其运用 [J]. 艺海，2010（11）：84–85.

[40] 刘欣荣 . 浅议立体构成在服装设计中的应用 [J]. 科技信息（科学教研），2007（21）：493.

[41] 陈永信 . 几何图形元素在现代都市女装的设计应用 [J]. 西部皮革，2020，42（19）：37+39.

[42] 黄佩芸 . 几何图形在针织毛衫组织花型中的设计运用 [J]. 纺织报告，2019（6）：48–50.

[43] 杨月 . 浅析几何元素在服装上的运用 [J]. 山东纺织经济，2016（6）：38–39+49.

[44] 李可心 . 几何艺术在现代女装设计中的应用与研究 [J]. 艺术科技，2014，27（5）：131+142.

[45] 程雅娟 . 几何图案对针织服装产品风格的影响 [J]. 纺织科技进展，2005（4）：66–68.

[46] 王雪娇 . 服装设计中面料与廓形的双向建构 [D]. 天津：天津工业大学，2017.

[47] 金千姿 . 针织服装造型设计探研 [D]. 杭州：中国美术学院，2015.

[48] 李璞 . 立体肌理在针织服装中的创新设计及应用研究 [D]. 上海：东华大学，2021.

[49] 崔晨 . 几何形图案在现代针织女装中的运用研究 [D]. 天津：天津工业大学，2017.

[50] 汪圆圆 . 线条图案在针织服装设计中的创新应用 [D]. 北京：北京服装学院，2016.